X射线
粉末衍射技术
—— 测量与分析基础

王春建 / 编著

U0248779

X-ray Powder
Diffraction Technology
—— Fundamentals of
Measurement and Analysis

化学工业出版社

·北京·

内容简介

本书内容主要分为五部分：X 射线粉末衍射技术的发展历程和功能应用；X 射线衍射仪器、光路配置、样品制备和测量过程；物相分析的基本原理、分析过程、注意事项、结果评价和部分实例；X 射线衍射仪器的维护保养和辐射安全；X 射线衍射技术的学习方法论。

本书着重介绍衍射图谱的产生过程和各类影响因素，以及与物相分析功能的相关性。在测量技术方面，详细介绍了衍射仪中各类光路元器件的工作原理和参数设置，并对测量过程的每个环节进行了详细论述。在物相分析方面，针对最常用的物相鉴定功能开展了鉴定原理、鉴定方法、鉴定技巧、数据库应用等方面的详细论述，并为鉴定结果的可信度提出评估方法和依据；针对物相定量分析、微结构分析等深层次功能，由浅入深地介绍了数学原理的推导、功能发展的历程，以及部分案例的应用，并且论证了分析方法的简化过程等内容。最后对衍射仪的维护保养、X 射线辐射安全等方面进行了详细介绍，并对 X 射线衍射技术的学习方法和技巧进行了深入讨论，总结性指出了技术能力晋升的途径。

本书可作为相关专业本科生、研究生的教学用书，也可作为从事 X 射线衍射测量和物相分析工作的技术人员的参考书。

图书在版编目（CIP）数据

X 射线粉末衍射技术：测量与分析基础/王春建编著. —北京：化学工业出版社，2024.8
ISBN 978-7-122-45720-2

Ⅰ. ①X… Ⅱ. ①王… Ⅲ. ①X 射线衍射分析-粉末衍射法②X 射线摄影测量-粉末衍射法 Ⅳ. ①O434.1

中国国家版本馆 CIP 数据核字（2024）第 102221 号

责任编辑：葛瑞祎　　　　　　　　　文字编辑：宋　旋
责任校对：李露洁　　　　　　　　　装帧设计：刘丽华

出版发行：化学工业出版社
　　　　　（北京市东城区青年湖南街 13 号　邮政编码 100011）
印　　装：河北延风印务有限公司
710mm×1000mm　1/16　印张 12¼　字数 219 千字
2024 年 8 月北京第 1 版第 1 次印刷

购书咨询：010-64518888　　　　　售后服务：010-64518899
网　　址：http://www.cip.com.cn

定　　价：58.00 元　　　　　　　　　　版权所有　违者必究

X射线粉末衍射技术是利用X射线的衍射现象开展物相鉴定、物相定量、微结构分析等工作的材料表征技术，由于样品制备简单、测量过程准确、分析内容丰富，已被广泛应用于材料、冶金、地质、化工等学科专业的科学研究和工业生产中，并已逐渐成为相关学科的通用表征手段之一。

X射线粉末衍射技术不仅仅是一种测量表征技术，更是一种从原子层面认识材料本质的手段。以一块金属为例，在正空间可以观察到金属块的尺寸、形态、质地等特征，甚至可以使用电子显微镜等手段将这些特征放大，进行极其细微的观察和分析，但这种观察分析在处理原子层面的信息时显得吃力；X射线粉末衍射技术将金属块（表面层）原子层面的特征信息投影到倒易空间中，只需观察和测量倒易空间中的衍射信息，即可对金属块原子层面的特征进行观察和分析。X射线粉末衍射技术所构建的倒易空间分析与正空间分析是开展材料表征的两个方面，这两个方面互为补充，并且缺一不可。

在材料学科蓬勃发展的新时代，有必要重申X射线粉末衍射技术的重要作用和意义，为此，本书设置了第1章、第2章内容，详细介绍X射线粉末衍射技术的来源、历程、发展，以及各类常用功能。同时，为了使初学者尽快入手，本书设置了第3章、第4章、第5章、第11章内容，对衍射仪的光路原理、性能参数、样品制备、测量过程以及仪器维护和辐射安全等方面都进行了详细介绍。在物相分析方面，为了强化物相鉴定的重要性并提高鉴定的准确性，本书在第6章详细介绍物相鉴定的基础上，特意增加了第7章对鉴定结果开展可信度评估的内容。为了扩展应用，本书设置了第8章、第9章、第10章对物相定量分析、衍射线形分析和晶胞参数分析进行了详细介绍。为了增强初学者的学习效率，本书设置了第12章，对学习方法进行了详细讨论。

　　本书是在作者多年从事测量分析工作和教学工作的基础上编写的，有感于自身的学习经历，本书着重从实践角度力求由浅入深、通俗易懂地进行介绍和论证，将初学者可能遇到的问题和困难都尽力去诠释、去解决。期望通过本书的学习，广大师生和技术工程人员能够提高学习效率和信心。

　　本书由王春建独立编著。编著过程中，受到了查锡金、董正荣、高峰、赵刚等工程师的鼓励，以及许艳松、龚媛媛等实验师和单位领导的支持，在此一并表示感谢。此外，本书引用的部分资料来自已经发表的专著和文献，列于参考文献中，在此向原作者表示感谢。

　　限于作者水平，书中难免存在不足之处，敬请广大读者批评指正。

王春建

2023 年 11 月

目录

第1章 **晶体与 X 射线衍射现象 / 001**

1.1 晶体与非晶体 / 002

1.2 晶体的 X 射线衍射现象 / 004

1.3 X 射线衍射现象的发现 / 006

1.4 X 射线衍射现象的意义 / 008

1.5 X 射线物相分析依据 / 011

1.6 X 射线粉末衍射仪 / 012

小结 / 013

第2章 **X 射线粉末衍射功能与应用 / 015**

2.1 物相鉴定 / 016

2.2 物相定量 / 017

2.3 结晶度分析 / 020

2.4 晶胞参数分析 / 021

2.5 固溶度分析 / 022

2.6 纳米晶粒尺寸与微观应变分析 / 023

2.7 残余应力分析 / 024

2.8 择优取向与织构分析 / 024

小结 / 026

第3章 **X 射线衍射仪与测量光路 / 029**

3.1 衍射仪基本组成 / 030

3.2 衍射光路组成 / 032

3.3 X 射线管 / 033

3.4 几何测角仪 / 037

3.5 探测器 / 039

3.6 光学元器件 / 040

3.6.1 索拉狭缝 / 040

3.6.2 发散狭缝、防散射狭缝、接收狭缝 / 041

3.6.3 滤光装置 / 042

3.6.4 其他光学元器件 / 044

3.7 常用样品台 / 045

3.7.1 平板样品台 / 045

3.7.2 自动进样器 / 046

3.7.3 微区样品台 / 046

3.7.4 多轴样品台 / 047

3.7.5 高温样品台 / 047

第 4 章　测量与参数 / 049

4

4.1 测量程序与参数 / 050

4.2 仪器参数 / 051

4.3 狭缝参数 / 052

4.4 样品制备参数 / 054

4.5 测量范围 / 055

4.6 测量速率 / 056

4.7 测量步长 / 057

4.8 测量模式 / 058

4.9 测量时间 / 059

4.10 薄膜掠入射参数 / 060

4.11 高温衍射参数 / 062

第 5 章　样品制备技术 / 065

5

5.1 样品制备影响因素 / 066

5.2 样品制备方法 / 067

5.3 粉末样品的粒度控制 / 068

5.4 自制标样 / 070

5.5 实例分析 / 072

第 6 章

6

物相定性分析 / **083**

6.1 物相定义 / 084

6.2 PDF 卡片与数据库 / 085

6.3 检索软件 / 088

6.3.1 软件定性检索原理 / 090

6.3.2 软件定性检索步骤 / 090

6.3.3 软件定性检索方法 / 090

6.4 物相定性分析判断依据 / 092

6.5 注意事项与常用技巧 / 094

第 7 章

7

物相定性结果评估 / **097**

7.1 测量质量评估 / 098

7.2 数据平滑处理 / 099

7.3 本底与 $K_{\alpha 2}$ 扣除 / 101

7.4 伪峰识别 / 104

7.5 定性分析影响因素 / 105

7.6 定性分析学习方法 / 109

7.7 常见问题实例 / 113

小结 / 114

第 8 章

8

物相定量分析 / **117**

8.1 物相定量方法概述 / 118

8.2 参比强度法 / 118

8.3 公式类比与准确度 / 121

8.3.1 公式类比 / 121

8.3.2 定量准确度 / 122

8.4 参比强度法的限制与扩展 / 123

8.5 全谱拟合结构精修法 / 124

8.5.1 历史发展 / 124

8.5.2 Rietveld 精修原理 / 125

8.5.3 Rietveld 物相定量原理 / 126

8.6 Rietveld 精修法定量实例 / 127

8.6.1 测量图谱和晶体文件输入 / 128

8.6.2　晶体基本参数编辑 / 129

8.6.3　拟合参数编辑 / 132

8.6.4　计算图谱与深度编辑 / 132

8.6.5　全谱拟合与定量 / 135

8.6.6　结果输出 / 136

第 9 章　　**衍射线形分析 / 139**

9.1　衍射线形 / 140

9.2　纳米晶粒引起的半高宽 / 141

9.3　微观应变引起的半高宽 / 144

9.4　两种效应引起的综合半高宽 / 144

9.5　衍射线形与结晶度 / 146

9.6　拟合分峰处理 / 147

9.6.1　背景标定 / 147

9.6.2　拟合分峰 / 148

9.7　结晶度的计算方法 / 149

第 10 章　　**晶胞参数精密分析 / 151**

10.1　晶胞参数简介 / 152

10.2　晶胞参数的计算方法 / 152

10.3　计算偏差的来源 / 154

10.4　计算偏差的控制 / 155

10.4.1　机械校正 / 155

10.4.2　测量方法校正 / 155

10.4.3　外推函数法校正 / 156

10.5　寻峰偏差 / 158

10.6　"线对法"计算晶胞参数 / 159

第 11 章　　**仪器维护与辐射安全 / 161**

11.1　硬件维护 / 162

11.1.1　X 射线管的日常维护 / 162

11.1.2　水冷系统的日常维护 / 163

11.1.3　测角仪的日常维护 / 164

11.1.4　样品台的日常维护 / 164

11.2　光路校准 / 165

11.2.1　单色器 / 165

11.2.2　测角仪零点 / 166

11.2.3　"切光法"光路校准 / 167

11.3　其他维护 / 169

11.4　X 射线的电离辐射 / 169

11.5　电离辐射安全防护 / 170

第 12 章　**学习方法论** / 173

12

12.1　常见概念与分类 / 174

12.1.1　散射与衍射 / 174

12.1.2　布拉格角与衍射角 / 174

12.1.3　物相分析与结构解析 / 175

12.1.4　理论学习与实践分析 / 175

12.2　衍射测量经验谈 / 176

12.2.1　关于 X 射线衍射仪 / 176

12.2.2　关于应用光路 / 177

12.2.3　关于数据分析软件 / 177

12.3　学习历程分享 / 178

12.4　六级阶梯 / 181

参考文献 / **183**

第 1 章

晶体与X射线衍射现象

  1912 年，马克斯·冯·劳厄（Max Von Laue）等人发现了晶体 X射线衍射现象，不仅揭示了 X射线的波动本质，也推动了晶体材料 研究开始进入 X射线晶体学新时代。 随着 X射线衍射技术的不断发 展，人类对晶体和衍射技术的认识也越发深入，一方面不断深化利用 衍射开展晶体结构解析的技术，另一方面还发展了物相鉴定、物相定 量、晶体微结构分析等技术。 迄今为止的一百多年间，X射线衍射 技术直接和间接催生了近 20 项诺贝尔奖，涉及材料、生物、化学、 物理等诸多学科领域，这深刻体现了 X射线衍射技术的重要性。

  本章主要介绍晶体的概念和含义，X射线衍射技术的发展和意 义，晶体与 X射线衍射技术的联系，以及衍射仪器、物相分析依据等 内容。

1.1 晶体与非晶体

1.2 晶体的X射线衍射现象

1.3 X射线衍射现象的发现

1.4 X射线衍射现象的意义

1.5 X射线物相分析依据

1.6 X射线粉末衍射仪

1.1 晶体与非晶体

一般情况下，物质从形态上可以分为气、液、固三种状态。无论哪种状态，构成物质的内容均为原子、分子、离子等基本组元，也称结构基元。从结构基元的角度，可以将物质的形态更本质地划分为晶体、非晶体、离散体三种结构。物质的分类如图 1.1 所示。

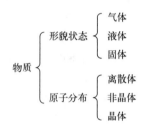

图 1.1 物质的分类

气态物质的结构基元（原子、分子等）相互之间可以自由运动，结构基元的分布状态受气压和体积的限制；液态物质的结构基元分布呈短程有序、长程无序状态；固态物质的结构基元分布分为类似液态物质的短程有序状态，以及长程有序状态。

此处的短程有序，指在几个原子或几十个原子范围内（几埃米或几十埃米范围），结构基元之间存在一定关系或排列具有一定秩序性，如由原子对分布函数（Atom Pair Distribution Function，PDF）分析，可获知原子与原子之间的相对距离，以及在不同距离范围内原子的数密度分布等信息。

长程有序是相对短程有序而言的，将结构基元排列的秩序性扩大至更广范围，如达到数百埃米或纳米、微米甚至更大距离，原子排列不仅呈紧密堆垛现象，而且堆垛秩序可以被科学地划分和归类，这种结构基元在更广范围有序的现象称为长程有序，这样的物质被称为晶体。

固态物质中，当其结构基元分布呈短程有序且长程无序时，被称为非晶体。

液态物质（液体）和非晶体在结构基元分布上虽然均为短程有序，但两者的物理化学性质依旧存在较大差异，这表明两者在短程有序方面依然存在较大差别。

晶体是结构基元长程有序的体现，此处的结构基元可以是原子，也可以是离子、离子团、分子等；长程有序具体体现为结构基元的堆垛秩序（含大小），因此可以将晶体具体划分为结构基元、堆垛秩序两部分内容。晶体的结构如图 1.2 所示。

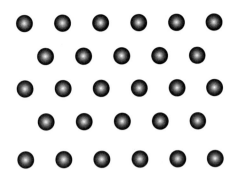

图 1.2　晶体结构范例（二维结构）

在 19 世纪初，化学家经推证得出，晶体中结构基元的堆垛秩序按平行六面体的方式，可划分为七大基本类别，又称七大晶系，如表 1.1 所示。

表 1.1　七大基本晶系

晶系		晶胞参数的关系
三斜	Triclinic	$a \neq b \neq c, \alpha \neq \beta \neq \gamma$
单斜	Monoclinic	$a \neq b \neq c, \alpha = \gamma = 90°, \beta \neq 90°$
正交	Orthorhombic	$a \neq b \neq c, \alpha = \beta = \gamma = 90°$
四方	Tetragonal	$a = b \neq c, \alpha = \beta = \gamma = 90°$
六方	Hexagonal	$a = b \neq c, \alpha = \beta = 90°, \gamma = 120°$
三方	Trigonal	$a = b = c, \alpha = \beta = \gamma \neq 90°$
正方	Cubic	$a = b = c, \alpha = \beta = \gamma = 90°$

其中 a、b、c、α、β、γ 为晶胞参数，又称为点阵常数。a、b、c 为平行六面体晶胞的三轴长度，α、β、γ 为三轴夹角。

1848 年，法国物理学家奥古斯特·布拉菲（Auguste Bravais）指出，在七大晶系基础上添加"心部"基元，可能存在的空间格子形式只有 14 种，修正了德国学者弗兰肯海姆关于晶体内部空间格子类型有 15 种的结论，这 14 种空间格子形式被称为布拉维晶格或布拉菲点阵，如图 1.3 所示。

考虑对称因素，14 种布拉菲点阵可以再次细化为 230 种空间群。不同的空间群结构，在衍射结果中将体现出不同几何位置、不同强度分布、不同峰数量的衍射花样或衍射图，在各类研究中常涉及的晶型分析，大部分内容是指空间群分析。对于定性分析能直接获得物相组成的材料，晶型结构可以直接从 PDF 卡片中获取。

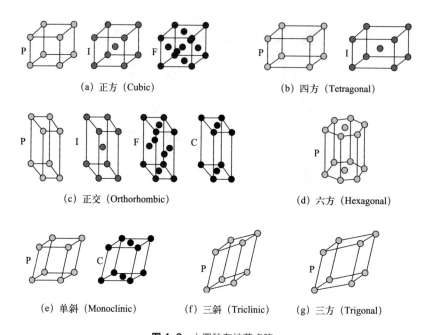

(a) 正方（Cubic）　　　　　　　　　　(b) 四方（Tetragonal）

(c) 正交（Orthorhombic）　　　　　　　(d) 六方（Hexagonal）

(e) 单斜（Monoclinic）　　　(f) 三斜（Triclinic）　　　(g) 三方（Trigonal）

图1.3 十四种布拉菲点阵

P—初始（Primitive）；I—体心（Body centered）；F—面心（Face centered）；C—底心（Side centered）

1.2 晶体的 X 射线衍射现象

1912 年，物理学家劳厄等人的实验证实：X 射线是一种波长很短的电磁波，其波长大小与晶体中原子距离类似，当 X 射线穿过晶体中由原子组成的三维狭缝时，会产生 X 射线的干涉现象，在感光屏上显示出不同的衍射花样。之后，布拉格父子的研究表明：衍射花样能够揭露晶体中的原子排列秩序和排列尺寸。至此，一门新的学科被发展了出来：X 射线晶体学。

1991 年，国际晶体学会将晶体的定义修订为：能给出本质上离散的衍射峰的固体（Crystal：solid giving essentially discrete diffraction peaks）。可见衍射现象在晶体中的重要性。

X 射线衍射技术（X-Ray Diffraction，XRD）从样品种类和应用功能方面可分成两大类：单晶衍射、多晶衍射。单晶衍射技术：利用 X 射线与单晶体相互作用产生的衍射现象（零维衍射斑点），分析获取晶体结构信息的实验手段。多晶衍射技术：又称为粉末衍射技术，指利用 X 射线与多晶样品相互作用产生的衍射现象（零维衍射斑点组成的衍射峰，或二维德拜环），分析获取样品组成、样品微结构等信息的实验手段。除单晶结构分析的工作外，科学研究和工业生产中最常使用的 XRD 技术，指 X 射线粉末衍射技术（X Ray Powder Diffraction，

XRD 或 XRPD)。

为了准确地获取衍射信息，20 世纪 20 年代开发出了德拜照相法，该方法主要以曝光照片的方式获取衍射信息，所获取的结果角度范围广、衍射信息丰富，但该方法存在德拜环边界辨识困难、衍射强度难以定量等缺点；20 年代末，盖革计数器（Geiger-Müller counter）等技术的开发和后续发展，为开发能准确获取衍射强度的衍射仪技术做好了铺垫；40 年代时，飞利浦公司推出了第一台商用 X 射线衍射仪，由于衍射仪技术能清晰辨识衍射信息的边界以及能对衍射强度准确定量等特点，衍射仪被迅速应用起来。进入 21 世纪后，阵列探测器技术的开发，尤其二维阵列探测器在 X 射线衍射仪上的应用，将德拜环的测量与零维衍射强度的测量得以综合体现，为研究晶体的衍射现象提供了更为丰富的科学视野。

X 射线粉末衍射仪在开展粉末衍射测量时，与可见光镜面反射现象十分类似，如将样品表面类比为镜面，将 X 射线入射光与衍射光类比为可见光的入射光和反射光，入射 X 射线与衍射 X 射线相对于样品表面法线对称，可类比为可见光的入射线与反射线相对于镜面法线对称。但 X 射线衍射现象与可见光镜面反射现象在本质上是不同的。可见光照射镜面时，无论可见光与镜面夹角多大，只要眼睛位于镜面反射方向，都将有被反射的可见光进入眼睛，即可见光被观察到。但将可见光更换成 X 射线时，即便射线探测器时刻位于入射光的"镜面反射"方向，也只有少数几何位置才能感知到较强 X 射线的存在，如图 1.4、图 1.5 所示，因此 X 射线衍射现象也被称为"选择性反射"现象。

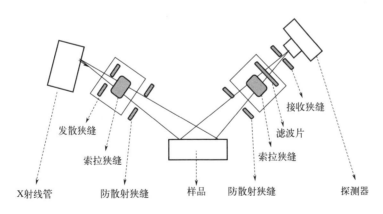

图 1.4 X 射线粉末衍射技术"选择性反射"光路

X 射线衍射仪获取的"本质上离散的衍射峰"组成的衍射图，如图 1.5 所示。

Malvern Panalytical 公司生产的 EMPYREAN 型 X 射线衍射仪，配备 Picxel 二维阵列探测器，收获的部分德拜环如图 1.6 所示。

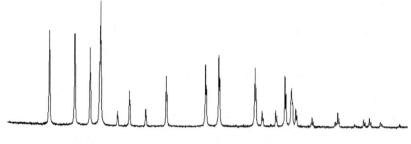

图 1.5 X射线衍射仪对粉末晶体"收获"的衍射图

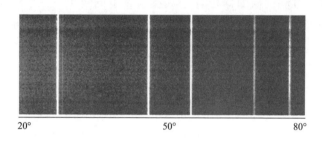

图 1.6 晶体材料部分德拜环

1.3 X射线衍射现象的发现

X射线是由德国物理学家威廉·康拉德·伦琴（Wilhelm Conrad Röntgen）在研究阴极射线过程中发现的。1895年11月，伦琴偶然间发现，用黑纸蒙住的放电管能使1m之外的氰化铂钡荧光屏感光。阴极射线只能在空气中前进几厘米，这是在当时已经被证实的结论，因此荧光屏闪光现象，引起了伦琴的疑惑。他重复刚才的实验，甚至把荧光屏移到更远位置，直到2m外仍可见到荧光屏上感光。经过反复实验，伦琴确信这是一种尚不为人所知的新型射线，取名X射线。

X射线的发现，吸引了大量物理学家的兴趣，人们迫切希望了解X射线的本质是什么。在当时有两种主流观点：X射线像红外光、紫外光一样，是一种"看不见"的电磁波；X射线是一种尚不为人所知的、类似阴极射线一样的微观粒子流。

1903年，普朗克的学生劳厄获得物理学博士学位。1909年到慕尼黑大学索末菲（Arnold Sommerfeld）实验室做助手。当时X射线已发现了十多年，但X射线的本质一直未得到确认。劳厄的研究工作主要是光的干涉现象，因此他对X

射线的本质问题也同样有着浓厚的兴趣。一天，索末菲教授的博士研究生艾瓦尔德（P. P. Eward）在与劳厄讨论论文时，提到了电磁波与周期排列的谐振子的相互作用。劳厄问道：如果短波长的电磁波照射到晶体上，会发生什么现象？瓦尔德的回答给了劳厄很大的启发：晶体中的原子（谐振子）可以作为三维光栅，如果 X 射线是波长很短的电磁波，且电磁波的波长与三维光栅的尺度相当，理论上会出现衍射现象。

劳厄的想法得到了弗里德里希（W. Friedrich）和克里平（P. Knipping）的支持。几经努力，1912 年 4 月，劳厄三人终于在硫酸铜晶体的基础上获取到第一张 X 射线衍射图。之后经过改进，又获取到能清晰表达原子排列对称性的硫化锌晶体的衍射图。劳厄的伟大贡献被世人认可，于 1914 年荣获诺贝尔物理学奖。

1912 年暑假，威廉·亨利·布拉格（William Henry Bragg）带着劳厄的论文来找他的儿子威廉·劳伦斯·布拉格（William Lawrence Bragg）一起讨论 X 射线的本质问题。老布拉格是 X 射线粒子论的坚定支持者，老布拉格认为劳厄对衍射图的解释并不令人信服。父子二人尝试设计实验验证 X 射线的粒子性，但并未成功。经过深思后，小布拉格尝试接受劳厄的观点"X 射线是一种电磁波"。按照劳厄的实验，小布拉格发现：改变荧光屏与晶体间的距离，所收获的衍射斑点存在不同。用具有明显片状解理面的云母片进行精细实验后，于 1912 年冬，小布拉格提出了著名的布拉格公式：

$$2d\sin\theta = n\lambda \qquad (1.1)$$

式中，d 为晶面间距；θ 为布拉格角；λ 为 X 射线波长；n 为衍射级数。布拉格公式的推导原理如图 1.7 所示。

两条相互平行的等波长的 X 射线辐照在原子上，原子中的电子完成对 X 射线光

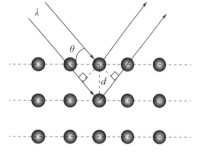

图 1.7　X 射线衍射现象产生的原理

子的弹射，当被弹射的 X 射线光子的路程差等于波长的整数倍时，在两条射线中做横波前进的 X 射线光子将产生干涉现象。大量干涉现象称为衍射现象。

老布拉格精心设计了一台 X 射线电离分光计，对布拉格公式进行了进一步考察。实验结果证实了 X 射线具有波动性的观点。但老布拉格依然没有放弃 X 射线具有粒子特性的可能性。他指出，问题不是在两种理论中选择一种，而是找到一种可以同时具有这两种特性的综合理论。

老布拉格设计的 X 射线电离分光计，不仅能对晶体反射强度进行测量，在依据布拉格公式设计出已知晶面间距的单晶片作为分光镜后，还能测定 X 射线

的波长，因此，老布拉格的分光计成了一台可定量测定 X 射线波长与强度的光谱仪。这是现代 X 射线衍射仪与 X 射线荧光光谱仪的前身。老布拉格利用分光计测定了许多元素的特征 X 射线波长、吸收边等，开创了 X 射线光谱学。

至此，劳厄与布拉格父子的贡献为后来的科学研究开拓出两个重要的学科：X 射线晶体学、X 射线光谱学。鉴于布拉格父子出色的成就，1915 年父子二人共同获得了诺贝尔物理学奖。

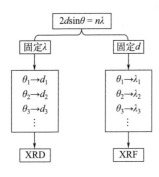

图 1.8 衍射学与光谱学应用原理

1913 年，G. Wulff 证明：劳厄的 X 射线晶体衍射和布拉格的 X 射线晶体反射，是一个问题的两种表述方法，本质上是相同的。

布拉格公式在不同条件下的应用原理如图 1.8 所示，其中 XRD 为 X 射线衍射技术，XRF 为波长色散型 X 射线荧光光谱技术。

当控制入射光波长恒定时，在不同几何角度 θ（或 2θ）收获到的衍射信号，对应晶体不同晶面的面间距 d，一系列 d 值的存在可确定晶体中的原子堆垛秩序，即可分析晶体结构，这一应用被称为 X 射线衍射技术；当控制 d 值恒定时，不同几何角度 θ（或 2θ）收获到的衍射信号，对应 X 射线的不同波长 λ，这一功能可应用分辨二次 X 射线（在原初 X 射线激发不同元素的荧光现象）的工作中，这一方面的应用被称为波长色散 X 射线荧光光谱技术。

1.4 X 射线衍射现象的意义

X 射线衍射现象的发现，证明了 X 射线是一种波长很短的电磁波，同时也证明了晶体中原子排列的有序性。此外，还间接证实了原子的存在。

X 射线衍射现象的发现，使物理学中关于物质结构的认识从宏观进入微观，从经典过渡到现代，发生了质的飞跃；这一现象的发现和相关学科的建立，几乎影响了有关固体的所有科学领域，如固体物理学、固体化学、矿物学、土壤学、冶金学、材料学、分子生物学等。

自劳厄至今，X 射线衍射的实验技术和应用领域不断与时俱进，现如今 X 射线衍射已成为医疗诊断、药物设计、材料结构、生物分子构造等方面所不可缺少的研究测试技术，其重要性并不因时间的逝去而下降，相反随着材料科学和信息科学的发展，X 射线衍射的深度和广度更加处于蓬勃发展中。

据统计 1900—2020 年的诺贝尔奖记录，发现与 X 射线研究相关的有 32 次，与 X 射线衍射技术相关的有 16 次。

（1）1901 年，伦琴获得诺贝尔物理学奖。成就：发现了 X 射线，宣布了现代物理学时代的到来。

（2）1903 年，贝可勒尔和居里夫妇共同获得诺贝尔物理学奖。成就：在伦琴射线的启发下，贝可勒尔发现了铀（U）元素的天然放射性，居里夫妇发现了钋（Po）、镭（Ra）元素的天然放射性。

（3）1906 年，汤姆逊获得诺贝尔物理学奖。成就：发现了第一个基本粒子——电子，揭示了原子的可分性。

（4）1908 年，卢瑟福获得诺贝尔化学奖。成就：发现 α 射线和 β 射线，提出放射性元素的蜕变理论，提出原子结构有核模型，以及发现质子。

（5）1914 年，劳厄获得诺贝尔物理学奖。成就：发现 X 射线通过晶体时产生衍射现象，证实 X 射线是电磁波，开创了 X 射线晶体结构分析新纪元。

（6）1915 年，布拉格父子获得诺贝尔物理学奖。成就：提出了著名的布拉格公式，利用公式探测晶体结构，促进发展晶体物理学。

（7）1917 年，巴克拉获得诺贝尔物理学奖。成就：发现了元素的标识（或特征）X 射线。

（8）1924 年，曼内·西格班获得诺贝尔物理学奖。成就：建立了 X 射线光谱学。

（9）1927 年，康普顿获得诺贝尔物理学奖。成就：发现了 X 射线散射的"康普顿效应"，证明微观粒子碰撞过程仍然遵守能量和动量守恒。

（10）1936 年，德拜获得诺贝尔化学奖。成就：提出了极性分子的偶极矩理论，确立分子偶极矩的测量方法，利用偶极矩、X 射线和电子衍射法测定复杂晶体分子结构。

（11）1946 年，缪勒获得诺贝尔生理学或医学奖。成就：发现 X 射线能人为诱发生物体遗传突变，开创了电离辐射遗传学。

（12）1954 年，鲍林获得诺贝尔化学奖。成就：阐明了化学键的本质并用于复杂分子结构研究（其成就与 X 射线衍射密不可分）。

（13）1958 年，切伦科夫、弗兰克和塔姆共同获得诺贝尔物理学奖。成就：切伦科夫发现 X 射线照射晶体或液态物质时会发出特殊的切伦科夫辐射，弗兰克和塔姆从理论上成功解释了切伦科夫辐射。

（14）1961 年，霍夫斯塔特获得诺贝尔物理学奖。成就：完成 X 射线的无反冲共振吸收研究，阐明电子对原子核的散射，发现原子核基本结构。

（15）1962 年，沃森、克里克、威尔金斯共同获得诺贝尔生理学或医学奖，成就：发现核酸的分子结构及其对生命物质信息传递的重要性，提出了脱氧核糖核酸 DNA 分子的双螺旋结构模型，为分子生物学、分子遗传学的发展奠定了基础（该成果运用 X 射线衍射法为 DNA 模型提供证据）。

（16）1962 年，佩鲁茨和肯德鲁共同获得诺贝尔化学奖。成就：使用 X 射线衍射法精确测定了血红蛋白和肌红蛋白的分子结构，开创了生物化学发展的新阶段。

（17）1964 年，霍奇金获得诺贝尔化学奖，成就：使用 X 射线衍射技术测定了复杂晶体和大分子结构（如青霉素和维生素 B-12 的分子结构）。

（18）1968 年，霍利、科勒拉和尼伦伯格共同获得诺贝尔生理学或医学奖。成就：根据 DNA 双螺旋结构在揭开遗传密码奥秘方面做出突出贡献，破译了 mRNA 的基因密码，揭示蛋白质合成机制，阐明了遗传密码及其在蛋白质合成方面的机能与作用。

（19）1969 年，哈塞尔和巴顿共同获得诺贝尔化学奖。成就：运用 X 射线衍射分析法提出了"构象分析"的原理和方法，发展了有机化合物晶体结构理论和立体化学理论。

（20）1973 年，威尔金森和费歇尔共同获得诺贝尔化学奖。成就：在有机金属化学领域取得开创性研究成果。

（21）1976 年，利普斯科姆获得诺贝尔化学奖。成就：用 X 射线衍射和核磁共振等方法研究硼烷等结构及成键规律，提出三中心电子键理论。

（22）1979 年，豪斯菲尔德和科马克获得诺贝尔生理学或医学奖。成就：研制开发出 X 射线计算机断层扫描成像设备（X-CT），并开展临床应用。

（23）1980 年，桑格、吉尔伯特和伯格共同获得诺贝尔化学奖。成就：使用 X 射线衍射法确定了胰岛素分子结构，发明了测定 DNA 中核苷酸排列顺序的方法，创建了人工重组 DNA 技术。

（24）1981 年，凯·西格班获得诺贝尔物理学奖。成就：研发出高分辨率 X 射线光电子能谱仪，开拓了 X 射线光电子能谱学的新领域。

（25）1982 年，克卢格获得诺贝尔化学奖。成就：把 X 射线衍射技术与电子显微技术相结合，发明了"显微影像重组技术"，为测定生物大分子结构研究开创新路。

（26）1985 年，豪普特曼和卡尔勒共同获得诺贝尔化学奖。成就：建立测定晶体结构的数学理论，发明用 X 射线衍射确定晶体结构的直接计算法，为探索新分子结构和化学反应做出开创性贡献。

（27）1988 年，米歇尔、戴森霍弗和胡伯尔共同获得诺贝尔化学奖。成就：利用 X 射线晶体分析法首次确定光合作用反应中心的三维立体结构，阐明了光合作用的光化学反应本质。

（28）1997 年，斯寇、波耶尔和沃克共同获得诺贝尔化学奖。成就：利用同步辐射装置产生的 X 射线在研究人体细胞内离子传输酶方面取得了突破性成果，阐明了三磷酸腺苷（ATP）合成的酶催化机制。

（29）2002 年，贾科尼、戴维斯和小柴昌俊共同获得诺贝尔物理学奖。成就：贾科尼发现宇宙 X 射线源，开创了 X 射线天文学，戴维斯和小柴昌俊探测到了宇宙中微子，催生了中微子天文学。

（30）2003 年，阿格雷和麦金农共同获得诺贝尔化学奖。成就：发现细胞膜水通道，并对细胞膜离子通道结构和机理研究做出了开创性贡献（该成果是利用 X 射线晶体成像技术获得的）。

（31）2006 年，科恩伯格获得诺贝尔化学奖。成就：开创了真核转录的分子基础研究领域，揭示了真核生物细胞如何利用基因内存储的信息生产蛋白质，为破译生命奥秘做出贡献（采用 X 射线衍射结合放射自显影技术开展）。

（32）2009 年，拉马克里希南、施泰茨和约纳特共同获得诺贝尔化学奖。成就：采用 X 射线晶体学方法测定了核糖体高分率的分子结构，在原子水平上分析了核糖体的结构与功能。

1.5 X 射线物相分析依据

Hull 在 1919 年发表的文章中指出：
（1）X 射线粉末衍射谱是物质的特征；
（2）在混合物中每一个物质产生的衍射谱与其他物质无关；
（3）衍射谱是物质中各种元素的化学结合状态的代表；
（4）各组分衍射谱的强度正比于各组分的含量。

1936 年，Hanawalt 和 Rinn 提出了将待测物的衍射谱与已知物的衍射谱对比，根据对比程度开展物相鉴定分析的方法。

1938 年，Hanawalt、Rinn 和 Frevel 发表了 1000 种无机物的单相多晶体衍射谱，成为用于 X 射线多晶体衍射物相鉴定的第一个参考数据库。1941 年，美国材料试验学会（American Society for Testing and Materials，ASTM）联合他国有关组织成立了 X 射线衍射化学分析联合会（Joint Committee on Chemical Analysis by X-Ray Diffraction Methods），收集粉末衍射数据，并以 3in❶×5in 卡片形式出版发行，称粉末衍射卡片集（Powder Diffraction File，PDF）。此后每隔一年或两年出版一组。

1969 年，联合会从 ASTM 中分离出来，单独成立了一家非营利性公司"粉

---

❶　1in＝2.54cm。

末衍射标准联合会"（Joint Committee for Powder Diffraction Standards，JCPDS）。1978 年，JCPDS 演变为现在的"国际衍射数据中心"（International Center for Diffraction Data，ICDD），总部设在美国宾夕法尼亚州的牛顿广场。

以上工作为物相鉴定分析（物相定性分析）奠定了理论依据和实验基础。

物相鉴定分析可通俗地理解为，通过分析衍射图几何位置、强度分布等信息，将其与参考数据库（PDF 卡片库）中已知晶体衍射信息比对，以此获取材料晶体组成的手段，如图 1.9 所示。

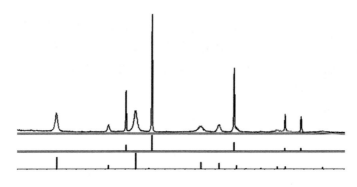

图 1.9 定性分析举例

关于 X 射线衍射的定量问题，虽然 Hull 在 1919 年即已指出定量分析的可能，但因德拜照相法难以精准测量衍射强度，故定量工作并没有得到广泛应用。20 世纪 40 年代时，随着计数器的发展和电子学技术的应用，衍射强度测量的准确性大大提高，X 射线衍射的定量分析才有了较快的发展，包括理论、方法和应用。1948 年，Alexander 和 Klug 对混合平板粉末样品的吸收和衍射强度的关系做了深入研究，奠定了 X 射线物相定量的基础。

Alexander 和 Klug 提出的是内标法。之后 Leroux 和 Karlark 等提出了外标法，Copeland、Bezjak、Popovic 等又提出了增量法。20 世纪 70 年代，Chung 等提出了 K 值法。20 世纪 70 年代末，Zevin 提出了不用标样的无标定量法。

1.6　X 射线粉末衍射仪

1896 年，缪勒在德国汉堡生产了第一支商用 X 射线管。

1912 年，布拉格父子设计的 X 射线衍射装置是衍射仪的雏形。

1917 年，飞利浦公司在荷兰埃因霍温开始制造并维修 X 射线管。

1945 年，飞利浦公司推出世界上第一台名叫 Nerelco 的商用 X 射线衍射仪并投放于北美市场。

目前，X 射线衍射仪的国外品牌有 Malvern Panalytical、Rigaku、Bruker、Shimadzu 等，国内品牌有丹东浩元、丹东通达、丹东奥龙、北京普析等，部分实物如图 1.10 所示。

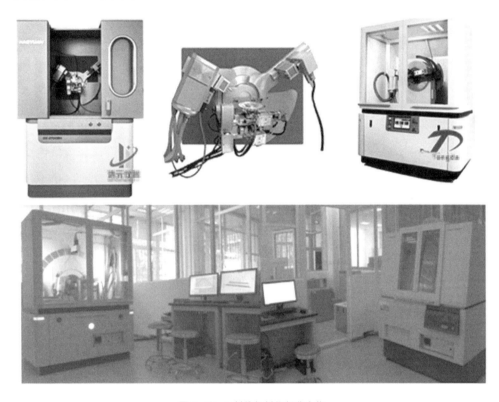

图 1.10 X 射线衍射仪部分实物

小结

（1）固态物质中，原子长程排列有序的称为晶体，长程无序但短程有序的为非晶体；晶体中的原子排列秩序可分为 14 种布拉菲点阵，根据晶体对称性，还可再细分为 230 种空间群。

（2）在 X 射线粉末衍射仪条件下，晶体所产生的 X 射线衍射峰具有晶体代表性，例如人的指纹。物相定性分析的过程可视为：收集各晶体产生的 X 射线衍射峰信息，形成"晶体指纹库"(PDF 卡片库)，通过测量获得未知样品的衍射峰信息，将其与"晶体指纹库"中的指纹进行参考比对，最终确认样品中各组成晶体的种类、含量、微结构等信息。

（3）X射线衍射技术已成为人类认识微观世界不可或缺的有力工具，历经百年，该技术的应用领域和应用层次越发广泛和深入；X射线粉末衍射技术在处理多晶聚集体材料物相组成、微结构分析等方面，具有其他技术无可替代的优势。

第 2 章

X射线粉末衍射功能与应用

X射线粉末衍射仪可以测量粉末、薄膜、块体、纤维等不同形态的样品，获取的衍射峰信息一般包括几何位置、衍射强度、峰半高宽、峰对称性、峰数量、峰强度分布、背景分布七个要素，这些要素是X射线衍射技术不同功能和不同应用的基础。例如根据衍射峰几何位置(含峰数量)可以开展物相鉴定分析(定性分析)，几何位置发生变化可以揭示固溶掺杂、残余应力等信息；根据衍射峰强度并关注不同衍射峰强度分布，可以开展物相含量分析、固溶原子位置分析等；根据衍射峰半高宽的变化，可以开展微观应变和纳米晶粒尺寸分析；根据衍射峰对称性可以分析孪晶密度，根据衍射峰择优情况可以观察织构情况等。

随着现代衍射仪在多功能、高精度、高效率等方面的发展，X射线衍射仪的功能越发多样化，应用范围也越来越广，如在传统衍射仪功能基础上，增加微区衍射、原位衍射，又如将衍射仪整体小型化、自动化，使衍射仪的应用越发方便、简捷。

2.1 物相鉴定

2.2 物相定量

2.3 结晶度分析

2.4 晶胞参数分析

2.5 固溶度分析

2.6 纳米晶粒尺寸与微观应变分析

2.7 残余应力分析

2.8 择优取向与织构分析

2.1 物相鉴定

X射线粉末衍射技术（以下简称XRD）可视为：利用单色可调节X射线辐照粉末样品，在"镜面反射"方向收集不同几何角度的衍射光电信号，进而对所收集的信号开展材料分析的科学技术。在Debye-Sherrer衍射几何中，XRD产出的是一系列宽窄不同、明暗不同的德拜环或德拜环的一部分；在Bragg-Brentano几何中，XRD产出的是一系列不连续的，带有不同强度和宽度的衍射花样或衍射峰。随着阵列探测器在衍射仪中的广泛使用，Bragg-Brentano几何也能采集到德拜环或部分德拜环，根据该几何原理设计的X射线衍射仪，被广泛应用在各行各业中。图2.1所示为衍射仪实物（Malvern Panalytical公司生产的EMPYREAN型衍射仪），以及所采集的粉末样品衍射图。

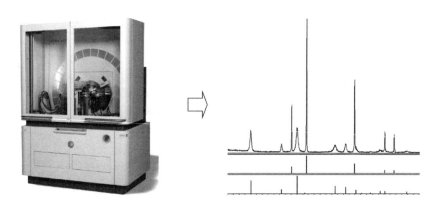

图2.1 X射线衍射仪及其产出结果

提取衍射峰所在的几何位置和相对强度，将之与PDF标准卡片上的物相衍射线几何位置和强度进行比对，最终确认物相组成的方法，被称为物相鉴定技术，也称为物相定性分析（具体见后续章节），如图2.2所示。

每个晶体（或物相）都有自己独一无二的特征衍射图（晶体指纹），例如人的指纹，世界上没有两个人的指纹完全相同，同样的世界上不存在"晶体指纹"完全相同的两种晶体。此外，一个指纹无法确定一个人，同样地，一个衍射峰也无法确定一种晶体，鉴定晶体种类必须分析多个衍射峰才行。样品中存在多个物相时，所获取的衍射图是各个物相指纹的相应叠加，不同物相的指纹重合时，对应的衍射峰强度将视物相不同质量比例而相应增加，指纹不重合时，将独立存在。物相定性分析可以形象地进行类比，好比警察发现了一套指纹，但该指纹是未知指纹的叠加，在鉴定分析之前究竟有几种指纹叠加在一起是未知的，每个指

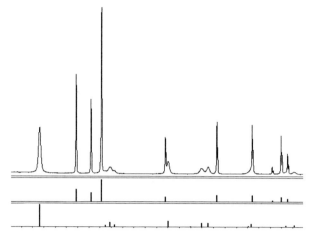

图 2.2　XRD 物相定性分析

纹究竟对应谁也是未知的，警察的工作是借助已知的"指纹数据库"，将几种指纹叠加分析出来，并且将每种指纹确切对应的那个人也给找出来。

物相定性分析，是 XRD 技术的最基本功能，也是应用最广泛、最易被理解的重要功能。人类所应用的固体材料中，无论有机物还是无机物，无论金属还是矿物，包括电池材料、生物材料、医药、纤维等等，除了少部分存在非晶物相外，大部分都是由晶体组成的，即在 XRD 技术中大部分材料都能获得由"独一无二"的衍射峰组成的晶体指纹混合图，借助软件对衍射峰信息的分析和 PDF 标准数据库的比对，便可以从复杂组成的材料中将组成物相一一查找出来。实践中，有的样品存在物相多达数十种，只要其含量在 XRD 衍射结果中能构造可分辨的衍射信号，理论上都能将物相寻找出来。如某种阳极泥最终鉴定出的物相多达 20 余种，可见 XRD 在物相定性分析方面的强大之处。

一般意义上，在处理多物相或多晶体共存的复杂材料体系方面，尤其是组成分析方面，XRD 技术是目前功能最强大、应用最广泛、判断最直接、结果精度最高的表征技术之一。

2.2　物相定量

利用物相定性分析，我们能确认材料中的物相组成，进一步的工作就是确认各个物相的具体含量（体积分数、质量分数）。

XRD 技术能对多晶体或多物相共存的复杂体系开展物相定性分析，适用材料范围也非常广泛，如果再能实现精准的物相定量分析就更好了。但遗憾的是，自 1912 年布拉格方程被建立后的近 30 年间，并未寻找到一种可以精确测量衍射强度的科学技术，导致 XRD 精确定量无法实现。直至 20 世纪 40 年代中叶，盖革计数器的应用以及衍射仪技术的发展，才基本解决了这一问题。

1948 年，Alexander 和 Klug 推导出了粉末平板样品的基本定量公式，并发展了内标法，之后相继出现了外标法、增量法、直接对比法、基体冲洗法（K值法）、无标定量法（绝热法）、参比强度法、全谱拟合法等定量方法，但这些方法几乎都有一定的使用条件，如内标法、外标法、增量法、K 值法均需要事先准备好标样或特定物相的样品，无标定量法需要在定量前事先明确各个物相或样品的吸收系数，参比强度法需要事先确认各个物相的参比强度值，全谱拟合法则需要明确各个物相的晶体结构信息等。截至目前在整个 XRD 定量系统中，仍旧没有一种通用于所有物相定量分析的方法，相关方面的研究还需继续深入。

内标法、外标法等使用标样的定量方法，因结果比较稳定，在工业生产中应用较多，但标准样品难以获得，而且此类定量方法的实验步骤往往较为复杂，除了组成比较稳定的材料体系外，面对更复杂的材料体系，必须应用适应能力更好的定量方法。

无标定量法的优点在于：不需要制备标样，也不需要加入标准物质。但是，无标定量法要求制备与待测相数量相等的试样（混匀），并且要求各待测相在各试样中的含量不同。实践表明，无标定量法在物相数量较少时能给出较好的结果，但当物相较多时，定量偏差会增大。

K 值法需要用到物相标样和一个已知的标准品制作 K 值，标准品可以选择刚玉（α-氧化铝）或者其他能作标准品的材料，K 值只需要制作一次；制作出的 K 值可以通用于各个行业，只要物相种类不变、尺寸未到纳米级且不存在择优取向等偏离情况，K 值一般都适用。相比内标法、外标法甚至无标定量法等，K 值法无疑极大地拓展了 XRD 定量的灵活性和应用范围，为科学研究、工业生产提供了方便。

为了更好地应用 K 值法，JCPDS（后来的 ICDD）将 K 值和标准品做了规定，标准品选择刚玉（α-氧化铝），将需要研究的物相单质和刚玉粉末按质量比 1∶1 混合均匀，在 X 射线粉末衍射仪上进行测量，在 XRD 结果中将该物相最强衍射峰的强度除以刚玉物相最强衍射峰的强度，所得比值即为可以推广应用的 K 值，此处的 K 值被称为参考比强度值（Reference Intensity Ratio，RIR，或 I/I_c）。之后物相但凡有 RIR 值，JCPDS 或 ICDD 都将该值写入 PDF 卡片，以方便大家取用。

利用 RIR 值进行物相定量分析的方法，被称为参比强度法，也就是 RIR 值法。

由于 RIR 值在 PDF 卡片上可直接选用，该方法在各个领域都得到广泛应用。但并非所有被发现的物相都能轻易获得 RIR 值。根据 RIR 值的定义，要得到准确的数值，必须首先获得该物相的高纯单质，这对某些难以获取单质的物相而言，无疑是极为困难的，比如冶金组织中出现的第二相微粒等。

除了实验测量外，RIR 值也可以通过计算获得，相关计算公式也被一些学者推导了出来，但计算体系庞大，需要提前确认的参数较多，数学模型构建也比较复杂，因此利用计算获得 RIR 值的方法尚未被广泛采用。

如果实验中能提纯得到纯物相，也可以参考 RIR 值的定义，利用衍射仪和刚玉粉末，直接实验求取 RIR 值。但若实在得不到 RIR 值，还可以尝试用假设的办法给 RIR 值赋予初始值，再利用实验的方法一点点修正得到最终的 RIR 值。总之，只要能得到 RIR 值，即可开展参比强度法物相定量计算。

全谱拟合法，也被称为全谱拟合结构精修法（Rietveld 法）。利用全谱拟合法开展物相定量分析，本质是利用各物相的晶体结构信息重建物相混合物的理论衍射图，将之与实测衍射图进行比较，调整影响衍射峰的标度因子、峰形参数以及晶体结构信息等，使理论衍射图逐渐逼近实测衍射图，当两者差值在最小二乘法的基础上达到或小于期望值时，即认为此时被调整后的晶体结构参数等同于实际样品中的物相结构参数，而被调整后的各晶体含量即为实际样品中的各物相含量。

计算机技术的发展，使得衍射图重建以及对晶体结构信息精细调整得以实现，从而使全谱拟合法得到了推广和应用。实践证明，在物相定量分析方面，全谱拟合法具备优良的结果稳定性和较高的精度。

但该方法同样存在不足：首先，全谱拟合法的数据处理过程较为专业，过程中除了要对分析逻辑比较清晰外，还需要了解每一个精修步骤背后的物理含义；此外，全谱拟合法要求在材料结构方面具备一定的专业知识，绝非简单操作即可一蹴而就；再者，从全谱拟合法的本质含义上可以看出，这种方法的应用前提是必须准备好所有物相的晶体结构信息，缺一不可，但并非每张 PDF 卡片对应的物相都具备详细的晶体结构数据，截至目前 ICDD 已出版发行的最新版 PDF 卡片库中，依然存在大量卡片并未载有详细的晶体结构数据，换句话说，依然存在大量物相因缺乏详细的晶体结构数据，无法开展全谱拟合法定量分析。

铝电解质定量分析结果如图 2.3 所示。

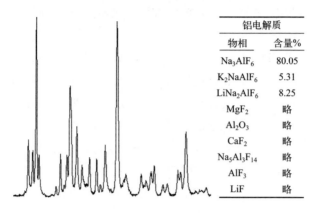

铝电解质	
物相	含量%
Na$_3$AlF$_6$	80.05
K$_2$NaAlF$_6$	5.31
LiNa$_2$AlF$_6$	8.25
MgF$_2$	略
Al$_2$O$_3$	略
CaF$_2$	略
Na$_5$Al$_3$F$_{14}$	略
AlF$_3$	略
LiF	略

图 2.3 铝电解质定量分析

2.3　结晶度分析

结晶度即结晶化程度，指材料中结晶态物质所占的含量。

很多材料中既含有结晶态物相，又含有非晶态物相。调整结晶态物相的百分含量，会直接影响材料的整体性能。因此如何准确获得结晶态物质的百分含量，对该类材料而言具有重要意义。

结晶度严格意义上指材料中的结晶态物质由非晶态物质生成，并且结晶态物相的单位体积密度保持与非晶态物相完全一致的情况。例如高温熔融状态的纯铜熔体，经过快速甚至超快速冷却，铜熔体会凝固成铜的结晶体与仍旧保持熔融态点阵结构的铜单质组成的混合物，此时铜晶体在混合物材料中的百分含量，即为结晶度。

但除了单质材料外，更多的是非晶态物相与结晶态物相机械混合，并且单位体积密度无法保证完全一致的情况。例如工业硅渣中结晶态物相有 Si、SiC 等，非晶态物相是多种硅酸盐与无定型碳构成的混合物，这种情况下结晶态物相的百分含量严格意义上不应该再称之为材料的结晶度，而应该冠以"结晶量""晶体占比"等名称。但结晶度既可以理解为结晶化程度（严格意义上的概念），也可以理解为晶体含量所达到的程度，本书不做区分，皆称之为结晶度。

材料的结晶度包括绝对结晶度和相对结晶度，顾名思义，绝对结晶度指晶态物质在材料中的真实占比，而相对结晶度指结晶态物质的相对占比。相对结晶度计算所需要的测量操作和分析过程都比较简单，并且能对结晶物质的含量进行"半定量"分析，在工业中应用广泛。绝对结晶度的计算方法有外标法、内标法、背景常数法等，基本都需要使用已知结晶度大小的材料作为标样，来标定最终结晶度大小。相对结晶度的计算方法有分峰法、称重法等。

一般情况下，结晶态物相在 XRD 结果中呈现多个、尖锐、对称的"钟罩峰"，非晶态物相则呈现宽而钝的"鼓包"形状又或者"驼峰"形状的漫散射峰。当非晶态物相的漫散射峰比较清晰时，可以通过分峰法计算材料的相对结晶度，如式（2.1）所示。

$$W_c = \frac{I_c}{I_c + I_a} \times 100\%$$ (2.1)

式中，W_c 为结晶度；I_c 为晶体物相所有衍射峰总强度；I_a 为非晶体物相所有漫散射峰总强度。

结晶度计算示例（界面截图）如图 2.4 所示。

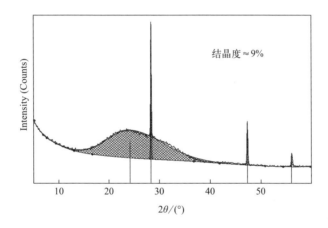

图 2.4 结晶度计算实例

2.4 晶胞参数分析

晶体中的原子在三维空间形成点阵，按平行六面体对原子点阵进行划分，能表达点阵尺寸和点阵结构的最小平行六面体，被称为一个晶胞。表达晶胞结构和尺寸的参数，即为晶胞参数，包含构成平行六面体的三个相邻边长 a、b、c，以及相邻边彼此之间的夹角大小 α、β、γ，如图 2.5 所示。

通过 XRD 技术可以精确计算晶胞参数发生的细微变化，从而揭示材料密度、热胀冷缩效应、掺杂或固溶引起的性质变化等现象的物理本质，此外还可以根据晶胞参数

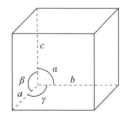

图 2.5 立方晶系的晶胞参数

的变化开展材料表面残余应力分析。

晶胞参数的计算通过布拉格方程开展。在布拉格方程中，X射线的波长 λ 在测量过程中始终保持恒定不变，并且 λ 的测量精度往往在 10^{-5} Å 以上，所以对晶面间距 d 值（d 值最小取值一般在 10^{-4} Å）的计算影响不大，影响 d 值精度的只有衍射峰的几何角度 2θ（或 θ）。如何精准地获取衍射峰的几何角度，是开展晶胞参数精细分析的重点和难点。

影响晶胞参数偏差的主要因素分为仪器因素、测量因素、计算因素三类。仪器因素包含光路零点偏差、入射轴与衍射轴机械联动偏差等，测量因素包含环境温度偏差、样品粗糙度偏差、样品透明度偏差、散焦偏差等，计算因素包含衍射峰位置选择引入的偏差、选择方法原理引入的偏差等。

仪器因素、测量因素引入的偏差，可以借助标准样品开展外标法或内标法进行一定扣除。此外，晶胞参数计算时衍射峰不能随便选用。当衍射峰的角度 2θ（或 θ）统计存在偏差 $\Delta\theta$ 时，$\sin\Delta\theta$ 的值将随着 2θ 的增大逐渐减小，从而对 d 值的影响也将随着 2θ 的增大而减小。这一情况，也可以由布拉格方程推导得到，如式(2.2) 所示。

将布拉格方程 $2d\sin\theta = n\lambda$ 两边微分，得：

$$\frac{\Delta d}{d} = -\cot\theta \cdot \Delta\theta \tag{2.2}$$

由式(2.2) 可知，随着 θ 的增大，$\cot\theta$ 越发减小，当 θ 接近 $90°$ 时，$\cot\theta$ 接近 0，此时 $\Delta\theta$ 对 Δd 的影响也将接近于 0，因此应该选择几何位置（2θ）较大的衍射峰进行计算才能尽可能减小因衍射峰几何位置的不精确所引入的偏差。

2.5 固溶度分析

晶体材料都有固定的、独一无二的原子点阵，或称独一无二的原子堆垛模式，在这种固定的原子堆垛模式下，当异类原子尺寸和性质与晶体材料的组成原子尺寸性质相近时，就存在替换本来原子的可能，一旦发生替换，就形成了晶格类型基本保持原有状态，但原子组成却存在一定含量异类原子的置换固溶体；而当异类原子尺寸与该晶体材料原子堆垛间隙尺寸相近时，就有可能进入间隙中，形成在原有晶格类型基础上，间隙中再存在一定含量异类原子的固溶体，这种固溶体被称为间隙固溶体。

固溶体是最常见的材料之一。固溶体中构建主要晶格结构的成分称为溶剂，少量溶入到晶格结构中的异类原子称为溶质。溶质含量、固溶方式以及溶质分布等都可能对固溶体的性能产生影响，因此固溶度分析是固溶体研究过程中的重要组成部分。XRD 固溶度分析,指利用 XRD 技术产生的衍射信号分析溶质的质量分数。

Vegard 推导了点阵常数与原子浓度的关系公式。设 A 原子点阵中固溶了 B 原子,A 原子的晶胞参数为 a,B 原子的晶胞参数为 b,则由 Vegard 公式可计算得到固溶体中 B 原子的固溶度 C。Vegard 公式的应用条件为:A、B 原子构建的点阵类型或空间群相同。Vegard 公式如式(2.3)所示,其中 X 为固溶体的实测晶胞参数。

$$C = \frac{X-b}{a-b} \times 100\%$$ (2.3)

2.6 纳米晶粒尺寸与微观应变分析

当物相晶粒度达到纳米尺寸时,粉末衍射的德拜环将不再是一条圆弧线,而是成为一个具有一定厚度的圆环,同时圆环明亮程度比之圆弧线下降,在 X 射线衍射仪上表达为衍射峰展宽,强度降低。

1919 年,Scherrer 推导了衍射信号与晶粒尺寸之间的关系式,即 Scherrer 方程,如式(2.4)所示。

$$D = \frac{K\lambda}{\beta cos\theta}$$ (2.4)

式中,D 为衍射峰所代表的晶面法线方向纳米晶体的厚度;K 为 Scherrer 常数;λ 为入射 X 射线波长;β 为衍射峰展宽;θ 为衍射峰几何位置 2θ 的一半。

1925 年,Van Arkel 发现,除了晶粒尺寸达到纳米级会导致衍射峰展宽外,发生在晶粒内部的不均匀应变,也会导致衍射信号展宽。Van Arkel 推导出了微观应变公式,如式(2.5)所示。

$$\varepsilon = \frac{\beta}{4tan\theta} = \frac{\Delta d}{d}$$ (2.5)

式中,ε 为微观应变量。

为了综合分析材料中的晶粒尺寸与微观应变,20 世纪 40 年代推导出了 Willam-Hall 公式(W-H 公式)。利用 W-H 公式,可以通过作图法直接将晶粒尺寸与微观应变计算出来。W-H 公式如式(2.6)所示。

$$\beta cos\theta = \frac{K\lambda}{D} + 4\varepsilon sin\theta$$ (2.6)

在计算晶粒尺寸方面,Scherrer 公式以及 W-H 公式理论上适用于任何程度的晶粒尺寸计算,只要晶粒尺寸能引起衍射峰展宽即可。但实验室中所使用的现代 X 射线粉末衍射仪,对衍射峰展宽的分辨率还不够高,经验上只有当晶粒尺寸低于约 300nm 时，衍射仪才能将衍射峰展宽准确统计出来，从而开展晶粒尺寸分析。

2.7 残余应力分析

撤去外力后，在块体材料表面残余的、存在于各个晶粒中且不均匀分布、与宏观形变直接相关的材料内应力，称为残余应力（宏观应力）。残余应力包含铸造应力、焊接应力、相变应力、形变应力等。

在各个晶粒中的残余应力，主要体现在晶面间距 d 发生了不均匀变化，根据布拉格方程，d 值的变化最终反映在衍射峰几何位置 2θ 的变化上，从而衍射峰将发生一定程度的偏移。工程应用上，利用 XRD 检测衍射峰的偏移规律和偏移量，即可推导得出平行于材料表面的残余应力类型和大小。残余应力主要公式如式(2.7) 所示。

$$\sigma_\varphi = -\frac{E}{2(1+\nu)}\cot\theta_0 \ \frac{\pi}{180°}\frac{\partial(2\theta)}{\partial(\sin^2\psi)} \tag{2.7}$$

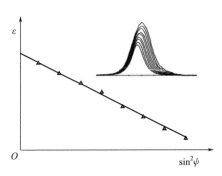

图 2.6 残余应力测量结果示例

式中，σ_φ 为表面残余应力；E 为材料弹性模量；ν 为材料泊松比；θ_0 为所用衍射峰无应力时几何角度的一半；2θ 为实测衍射峰几何角度；ψ 为样品倾转角。

所得结果范例如图 2.6 所示。

残余应力的存在会导致裂纹、性能和尺寸不稳定、涂层剥落等工程问题，但残余应力也存在有利的一面，如对机械材料进行喷丸处理，可增加表面残余应力，能对材料表面起到强化作用。

2.8 择优取向与织构分析

在多晶材料中，每个晶粒在三维空间都有各自的晶体学方向，即晶粒取向。使用 XRD 技术测量粉末样品时，粉末要求颗粒细致、粒度均匀且近似球形，只有达到这样的要求，才能使粉末颗粒在空间的位向近似无规则分布，从而颗粒内的晶粒取向也将呈无规则分布（或随机分布），如此将为各个晶面的衍射现象都提供了充分的晶面数量基础，最终收获的衍射结果才是最充分、最接近于 PDF 标准卡片的结果。这样的衍射结果对物相鉴定最为有利。

粉末要求颗粒细致，是为了增加 X 射线辐照范围内的参与衍射的晶面数量；粒度均匀是为了使每个颗粒产生衍射的能力均匀；近似球形则是为了避免在样品制备过程中，颗粒与颗粒产生相互阻碍，引起一定程度的择优取向。

择优取向，指晶粒取向不再随机，而是多个晶粒的取向具有一定程度的倾向性，如在粉末样品中有部分晶粒取向都朝一个方向，增加了该取向的数量，在 XRD 结果中体现为平行于该取向的晶面衍射峰强度增加。

当粉末粒度较大、尺寸分布不均匀，或者颗粒形状与球状相差比较大时，都可能造成择优取向的现象，当样品呈块体状存在时，择优取向现象更显著，如图 2.7 所示。

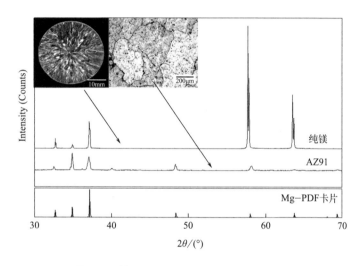

图 2.7　镁晶体形状对 XRD 衍射峰强度的影响

由图可知，当镁晶体为柱状晶（纯镁）时，实测衍射峰强度与 PDF 卡片强度差异显著，但当镁晶体形状为等轴晶（AZ91 镁合金）时，在 X 射线辐照范围内（如 $2mm \times 10mm$ 辐照面积），约 $300\mu m$ 的等轴晶基本满足颗粒细致、粒度均匀且形状近球状的条件，从而实测衍射峰强度分布与 PDF 卡片类似。

块体材料中，当晶粒取向随机时，体现为各向同性，当晶粒取向择优分布时，则体现为不同方向上的性质或性能差异。因此可以根据衍射峰强度分布来观察分析晶粒择优取向的情况，从而对材料性能设计起到一定指导作用。

从整体材料的角度，晶粒取向择优分布具体表现为织构组织。如对金属材料进行拉拔、轧制等机械加工时，金属变形会引起晶粒的移动和转动，从而形成形变织构组织；又如由液态向固态凝固时，由热导方式和热导方向决定的晶核长大过程，往往沿着某个特定晶向生长，最终形成铸态织构组织。通过 XRD 极图测试，可以精确表征织构特征和参数，如图 2.8 所示。

图 2.8 铝板（010）晶面极图

小结

　　随着信息学、电子学、材料学等技术的发展和不断进步，XRD 的功能也越发复杂和多样化，例如在传统的粉末衍射基础上，XRD 还可以配置平行光路、微区光路、高分辨光路、原位样品台、透射样品台等模块，从而实现薄膜掠入射、薄膜反射率、小角衍射、原位衍射、微区衍射、透射衍射等测量方式，从而揭示特定条件下或特殊状态下的材料物相组成和物相结构等信息。测量的多样化以及衍射条件的多样化，为衍射数据的深层次应用提供了基础，例如在对电池材料开展原位充放电 XRD 测量时，可以实时观测到物相发生相变的情况，进而开展晶体内部原子排列结构的相应分析。XRD 一般功能和应用总结如图 2.9 所示。

　　由图可知，XRD 技术的功能很强大，而且大多数功能之间并非由简单到深入的递进关系，而是近乎彼此独立，这给 XRD 表征增添了多个维度，这是 XRD 技术区别于其他表征技术的特征之一。

　　XRD 对材料的表征，仿佛"盲人摸象"，虽然各不相同，却都是真实的，但只有将所有盲人的认知统一起来，才能真正将大象的形体准确地表征出来，就好像 XRD 各个不同的功能一样，都能收获关于材料某一方面的信息，但仅有这些信息是不够的，或者说是不充分的，只有将 XRD 所有功能统筹为一体，才能多维度获取对材料内部结构的认知，并最终还原材料内部的完整情况。

　　本质上，XRD 是一种将三维空间转换成倒易空间的科学技术，三维空间中无法直接观测的晶体结构信息，在倒易空间中能被充分揭露出来，就

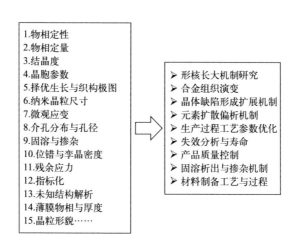

图 2.9 XRD 一般功能和应用

仿佛将三维空间的材料转移到了倒易空间(或异空间),材料整体变化成了全新的形态,这种形态信息还能被定性定量地表征出来。 三维空间与倒易空间的认知结合,能从里到外、从微观到宏观、从结构到形态等多个维度上对材料进行深刻认知。

第 3 章

X射线衍射仪与测量光路

　　X射线衍射仪(以下简称衍射仪)是实现X射线在材料表面产生衍射现象的实验载体,从功能和样品属性的角度,可以划分为单晶衍射仪和多晶衍射仪(又称粉末衍射仪)两大类。单晶衍射仪上的样品主要为单颗晶粒,衍射结果为晶体各个位向时的劳厄斑点,主要用于分析单晶体内部的结构信息;多晶衍射仪上的样品为多晶体,如粉末、多晶块体,衍射结果为零维衍射信息组成的衍射峰,主要用于分析多晶体组成物相的相关信息,本书中的衍射仪指多晶衍射仪。

　　衍射仪属于专业型仪器,主要组成部件如几何测角仪、高压发生器、探测器等都较为复杂,从安装调试到维护保养,以及后续的故障维修,都需要经过专业训练的工程人员来处理,但从仪器应用的角度来看,使用仪器的人员最常接触也是最需要了解的,是衍射仪的应用光路部分(包括样品台),包括光源、选光、滤光、探测器、几何测角仪等。

3.1 衍射仪基本组成

3.2 衍射光路组成

3.3 X射线管

3.4 几何测角仪

3.5 探测器

3.6 光学元器件

3.7 常用样品台

3.1 衍射仪基本组成

衍射仪一般由主机、操作系统（电脑）、水冷系统（水冷机）、稳压系统（稳压器）、气路系统（气压泵）、原位系统（气氛、高低温）等部分组成。衍射仪实物如图 3.1 所示。

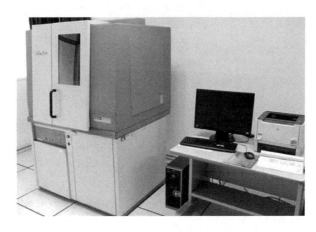

图 3.1 X射线衍射仪（D/Max 2200 型）

（1）主机：包含产生高电压的高压发生器，记录测量角度的几何测角仪，选光滤光调光所用的光路系统，电路板与信息处理器、各类样品台、X 射线管及管套、X 射线管电路系统及冷却系统、X 射线探测系统、手工操作面板等。

① 高压发生器：将电源电压、电流转换为 X 射线管使用电压、电流的装置；需要满足测量所用的额定电压和额定电流条件，以及调试所用的最大电压和最大电流的条件，例如当 X 射线管为铜靶时，最常使用的工作电压和工作电流为 40kV 和 40mA（转靶的工作电压、工作电流会更高），但调试仪器时可能使用 55kV、25mA 或者 30kV、50mA，这样的电压、电流是需要由高压发生器控制并达到的；此外，X 射线管所使用的工作电压、电流主要取决于功率、使用寿命等因素，如 X 射线管额定功率为 1.8kW 时，可以使用 40kV、45mA 的满额定功率的工作条件，但在实际应用中，由于 X 射线管难以维修，属于消耗材料，为了提高 X 射线管的使用寿命，X 射线管的使用功率往往比额定功率稍低些，如使用 40kV、40mA。

② 几何测角仪：用于装载 X 射线几何光路且能精准调控和记录入射角度与散射角度的几何测角系统；一般采用直流马达作为动力源，采用齿轮进行传动；

测角仪性能由其传动精度和定位系统精度决定，传动精度取决于材料性能与加工偏差，定位精度则与定位方式有关，传统衍射仪一般采用机械定位，其定位精度、定位效率、定位稳定性等比现代衍射仪采用的光学编码定位稍低，光学编码定位精度可达万分之一度，甚至更高。

（2）操作系统：大型落地式衍射仪一般都配备专用电脑用于控制仪器和操作仪器，电脑主机需配备能链接到仪器通信电缆的专用端口，操作系统一般选择Windows，有些国外仪器还需Windows操作语言使用英文；与仪器直接连接的操作电脑，一般不连接网络，其一为避免病毒或木马对专用软件的损坏，其二是某些杀毒软件会将衍射仪上的专用操作软件和分析软件作为病毒隔离查杀，不利于正常使用；保持操作电脑的不乱用，是数据安全、仪器安全所必须考虑的问题。

（3）水冷系统：现代衍射仪一般采用封闭式内循环水冷系统，有一体式水冷机和分离式水冷机（分内机和外机两部分）两种类型；水冷系统主要冷却X射线管、高温样品台等部件；循环水直接进入X射线管的靶头部位，将靶材上电子撞击产生的大量热量带回内水箱，内水箱中有与外机连接的冷却媒介，冷却媒介将内水箱中的热量带出并通过外机风冷散发；循环水一般采用弱碱式蒸馏水，此类蒸馏水可以用蒸馏水加小苏打（$NaHCO_3$）自行配置，pH值一般选择 8～8.5，pH值过小，水箱与水路中会滋生微生物，堵塞循环水路，pH值过大，不利于与水路直接接触的机械零配件的保养；水冷系统中有两处过滤装置，一是水冷机配备的微米级过滤器（含滤芯），二是射线管靶头位置处安置的过滤网，一旦发现水路堵塞，可以从这两处过滤位置查找原因。

（4）稳压系统：一般指稳压器，稳压器安置在外电源与主机之间，主要起到稳定电压的作用，防止因电压骤升骤降导致衍射仪相应部件损坏；为防止停电造成不良影响，也可以使用带有稳压功能的不间断电源（UPS）；衍射仪主机所需的独立地线，也可以直接连接到稳压器上。

（5）气路系统：一般指气压泵，主要用于为主机上需要气路动作的装置供气；并非所有衍射仪都需要这样的气压泵，有的是手动或自动化，不需气动，一般当仪器舱门比较厚重时，以及仪器中存在自动化机械运动时，常采用独立的气动装置。

（6）原位系统：这里指原位XRD测量时所使用的附属装置或设备；当采用原位XRD测量时，需要提供升温、降温、保温、充放电、气氛等原位环境所使用的专用控制柜、专用升温或降温装置（如液氮降温）、专用气氛装置、专用冷却装置等。

3.2 衍射光路组成

X射线从射线管出射后,途经选光、滤光、调光等光学模块处理,到达样品表面,样品表面一定深度的原子面对X射线光子产生弹性散射或非弹性散射,在特定角度被弹射的X射线光子相互干涉,最终被探测器接收并转化为特定脉冲信号,形成"衍射图"。衍射光路的实际组成如图3.2所示。

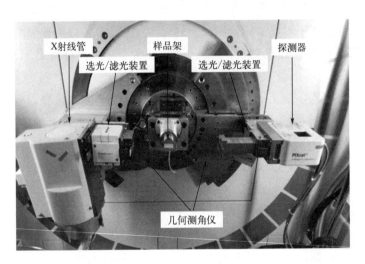

图 3.2 衍射仪中的衍射光路

在实验室中,X射线一般由X射线管产生,但其产生的X射线非单一波长且发散性严重、组成方向复杂,不适用于衍射测量,因此在X射线管之后以及探测器之前的光路行程中,需要加装选光、滤光、调光等光学元器件对初始X射线进行处理。

用于选光的光学元器件有发散狭缝、索拉狭缝、遮光板等,其作用是利用特定尺寸的狭缝或孔隙框选出特定尺寸、特定方向的X射线束,以便于后续对X射线的"精准"控制和使用。

用于滤光(或切光)的光学元器件有防散射狭缝、光刀、滤波片、单色器等,其作用是将X射线传播过程中被元器件材料本身以及空气分子等散射导致的杂散光(或乱散光)去除,或者将初始X射线中不使用的其他波长的X射线滤除,仅保留被使用的单色X射线。

用于调光的光学元器件有微束透镜、聚焦透镜、平行光透镜等,这些元器件能改变初始X射线的发散性或方向,产生能用于微区衍射、薄膜衍射或全散射等特殊测量的微束焦斑、聚焦光束、平行光束等。

产生干涉现象的光子最终进入探测器。此处需注意的是，探测器接收的不仅仅是产生干涉或衍射的光子，还有非弹性散射（如康普顿散射）、漫散射、空气分子散射、荧光等产生的光子。探测器接收光子的能量范围与探测器性能有直接关系。

3.3 X射线管

目前 X 射线管基本都是封闭式真空射线管，除了靶头材料为金属材质外，按管体材质可分为玻璃管、陶瓷管、金属陶瓷管等类别。玻璃材质的射线管是最经典的射线管，为了继续提高玻璃射线管的性能和使用寿命，陶瓷或金属陶瓷材质的射线管应运而生。

陶瓷或金属陶瓷的强度比玻璃高，因此不易破碎，此外用陶瓷或金属替代玻璃后，射线管内的真空度可以大幅提高，从而使射线管电性能好、使用寿命增加；陶瓷绝缘性能比玻璃好，使用陶瓷替代玻璃作为射线管绝缘体，质量和体积均可以做得更小，对节约仪器空间有利。玻璃管实物如图 3.3 所示，X 射线管工作原理如图 3.4 所示。

图 3.3 玻璃 X 射线管

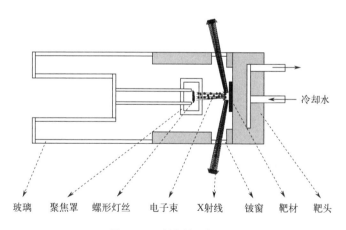

玻璃　聚焦罩　螺形灯丝　电子束　X射线　铍窗　靶材　靶头

图 3.4 X 射线管工作原理

螺形钨灯丝通电后发热，在其表层富集热电子，灯丝前端与靶材料之间施加电场（靶材为固定在铜制靶头上的一层高纯单质材料），靶材料为正极或阳极，电子在电场拖拽下脱离钨灯丝，逐渐加速冲向靶材料。在经过金属聚焦罩时被聚敛，在靶材料前端速度达到最大，之后轰击到靶材料表面，在其侧面激发出 X 射线。为保持电子速率不受干扰，电子途经的空间均抽高真空。为保障 X 射线的出射量并对真空管进行密封，选择铍材料作为 X 射线透射窗。

轰击靶材料的电子能量，只有不到 1% 被转化成了 X 射线，99% 以上的能量全都转化为热能，可在几分钟内将靶材料加热到上千摄氏度高温，为保障靶材料不被熔化，需要对靶材料进行冷却，靶材料常常固定在铜材制作的靶头上，冷却水冷却靶头以达到冷却靶材料的目的。冷却水一般选择弱碱性蒸馏水，水压一般控制在 0.4～0.5MPa。

螺形灯丝在阳极靶材料表面产生的电子投影为线形，平行该投影方向出射的 X 射线光子密度最大，出射的 X 射线同样呈线形，构成 X 射线 "线焦斑"，与线形投影水平呈 90° 的方向光子密度达到另一个最大值，从该方向前端的铍窗口出射的 X 射线呈圆形或点形，构成 "点焦斑"，如图 3.5 所示。

X 射线管产生的 X 射线的组成如图 3.6 所示（以铜靶为例）。

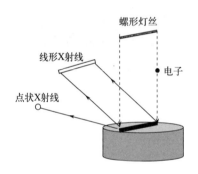

图 3.5　X 射线点、线焦斑产生的机理

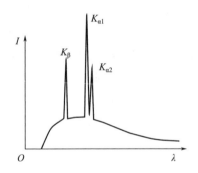

图 3.6　铜靶产生的 X 射线光强随波长的变化趋势

由图可知，X 射线根据强度分布可划分为两大类，一类强度分布呈连续变化，但总体强度不高，在图中表现为弥散鼓包形状，另一类强度分布不呈连续变化，而是非常突出，其强度远高于呈连续变化的 X 射线，强度突出的 X 射线，在图中表现为尖峰形状。

在 X 射线衍射仪中，需要用到单一波长的 X 射线，且强度越高越好，图 3.6 表明，$K_{\alpha1}$ 最满足条件，故而衍射仪光路中会尽可能保留 $K_{\alpha1}$ 射线，而滤除或屏蔽其他波长的射线，包括 K_{β}。但由于 $K_{\alpha1}$ 与 $K_{\alpha2}$ 波长十分相近，要将 $K_{\alpha2}$ 滤除干净难度比较大，而且对 $K_{\alpha2}$ 滤除会严重影响到 $K_{\alpha1}$ 射线的强度，因此除了特殊检测时用到纯 $K_{\alpha1}$ 射线构成的高分辨光路外，一般衍射测量基本都是带着 $K_{\alpha2}$ 开展的。将 $K_{\alpha1}$ 与 $K_{\alpha2}$ 混合使用时，X 射线束也统称为 K_{α} 射线。（波长一般使用 λ

表示，由于铜靶激发出的强度突出的 X 射线都是激发态的原子中电子跃迁到 K 层所释放的 X 射线，因此这样的 X 射线也可以使用 K 表示。）

强度突出的 X 射线（K_{a1}、K_{a2}、K_{β}）其强度高，波长单一，这种 X 射线被称为特征射线，或特征辐射；强度分布呈连续变化且总体强度不够高的射线，被称为连续 X 射线，或韧致辐射。

韧致辐射的产生原理，如图 3.7 所示。

由图可知，当高速电子到达靶材料表层原子时，大量电子没有与表层原子中的电子发生碰撞，而是在原子核产生的电场力作用下，仅运行轨迹发生了偏转，电子的速度矢量发生改变，从而引起电子能量的释放，形成韧致辐射，即产生连续波长且强度不够高的 X 射线。实际射线管中在电子进入靶材表层以及逸出过程中，还会存在电子与靶材料表面原子的多次接触，这也是产生韧致辐射的原因之一。

特征辐射的产生原理，如图 3.8 所示。

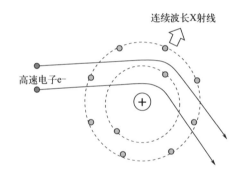

图 3.7　韧致辐射产生原理

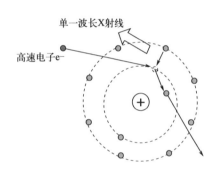

图 3.8　特征辐射产生原理

由图可知，当外来电子与靶材料表层原子中的电子发生碰撞时，外来电子将改变运行轨迹。如果外来电子能量不够，将被靶材电子直接弹射出去，外来电子运动矢量发生改变形成了一定程度的韧致辐射；如果外来电子的能量足够，可将靶材原子中的低能态电子直接撞击出去，使靶材原子由基态变为激发态，激发态原子中的高能态电子会向低能态轨道跃迁，跃迁时将释放出与轨道能量差相等的能量辐射，这种辐射构成特定波长且强度突出的 X 射线，即特征辐射。

理论上，外来高速运动的电子也会撞击到靶材表面的原子核，但由于原子核质量远超过电子质量，且原子核带有大量正电荷，因此撞击的结果只会造成电子能量湮灭；此外，外来电子与原子核碰撞的概率很低，这跟原子核体积有关，经验上将地球等效为一个原子，那么原子核大概等同于我们手中的一颗苹果，因此外来电子与原子核的相互作用可以忽略。

一般情况下，实验室中所使用的 X 射线管通常选用铜（Cu）作为阳极靶材料，铜作为阳极靶材对 X 射线衍射测量有独特优势，首先铜靶产生的 K_α 特征辐射对大多数材料而言，所产生的 X 射线衍射信号会分布在较宽的 2θ 范围内，方便后续的物相鉴定和微结构分析；其次铜靶材料熔点较高，对电子撞击形成的热量有一定耐热能力，不会轻易"烧熔"；再者铜靶材料的导热效果好，易于用水冷却，可增加 X 射线管的使用寿命。

除了铜靶外，在特殊测量条件下会使用到其他类型的靶材，不同靶材的波长和工作电压如表 3.1 所示。

表 3.1　不同靶材的特征波长和工作电压

阳极材料	原子序数	K 系特征射线波长/Å				吸收限/Å	激发电压/kV	工作电压/kV
		K_α	$K_{\alpha 1}$	$K_{\alpha 2}$	K_β			
Cr	24	2.29100	2.28970	2.29361	2.08487	2.07012	5.98	20～25
Fe	25	1.93736	1.93604	1.93998	1.75661	1.74334	7.10	25～30
Co	27	1.79026	1.78897	1.79285	1.62079	1.60811	7.71	30
Ni	28	1.65911	1.65783	1.66168	1.50014	1.48802	8.29	30～35
Cu	29	1.54184	1.54056	1.54439	1.39222	1.38043	8.86	35～40
Mo	42	0.71073	0.70930	0.71359	0.63229	0.61977	20.1	50～55
Ag	47	0.56083	0.55941	0.56380	0.49707	0.48582	25.5	55～60

注：$K_\alpha = (2K_{\alpha 1} + K_{\alpha 2})/3$。

由表可知，靶材料由 Cr 到 Ag，波长逐渐变小，光子能量增加，X 射线穿透能力增加。一般实验室中选择铜靶作为激发 X 射线的阳极材料，但铜靶 X 射线用来测量含 Mn、Fe、Co、Ni（在元素周期表中原子序数比铜低 1～4 的元素）的样品时，X 射线的光子能量能将 Mn、Fe、Co、Ni 原子由基态轰击至激发态，激发态原子中发生电子轨道跃迁，从而释放出二次 X 射线，也称为荧光射线，该类荧光射线并非衍射信号，不会构建尖锐的衍射峰，但却会降低初始 X 射线的应用效率，并增加背景值，导致有效衍射峰强度降低、峰背比降低。为避免或减弱荧光效应，可以将铜靶更换成其他波长的靶材进行衍射测量。例如当材料中含有较多 Fe 元素时，可以将常用的铜靶更换成钴靶，钴靶激发的 Fe 的荧光效应比铜靶要轻得多，从而测试含 Fe 材料时获得的衍射信号比铜靶时清晰得多，峰背比也较高。但钴靶 X 射线波长较大，所形成的衍射峰几何位置普遍较高，此外钴靶特征射线强度也比不上铜靶，因此如非必要，一般衍射测量还是应该选用铜靶。对于高锰钢而言，材料中的 Mn 元素含量较高，为避免 Mn 元素造成强烈荧光效应，可以将 Cu 靶、Co 靶更换成 Cr 靶或 Fe 靶。

当对非晶材料开展原子数密度分布函数（如原子对分布函数）分析时，需要获取小于单个晶面尺寸的原子对的干涉信号，所用的 X 射线光子能量必须更高，比如使用钼靶或银靶，使用银靶时特征射线的光子能量可达 22keV，是铜靶光子能量的（8.04keV）近三倍。为了获取更高能量的光子，还可以选择同步辐射光源。

不同靶材的应用范围如表 3.2 所示。

表 3.2　不同靶材的应用范围

靶材	常用条件
Cu	除黑色金属之外的无机物、有机物
Co	黑色金属物相，强度较高
Fe	黑色金属物相
Cr	黑色金属应力测定，强度一般较低
Mo	适用于透射法 X 射线衍射或 PDF 等精细结构测量
W	适用于单晶体劳厄法照相

3.4　几何测角仪

承载 X 射线管、光学元器件、探测器系统，并能精准完成 $\theta/2\theta$ 联动或相对运动，以及能准确记录 θ、2θ 角度的精密机械装置，在衍射仪上被称为几何测角仪。除仪器内部相关机械系统外，衍射仪上可见的主要是 $\theta/2\theta$ 两个旋转轴，如图 3.9 所示（箭头位置）。

X 射线粉末衍射仪采用 Bragg-Brentano（布拉格-布伦塔诺）衍射几何，因为样品表面是平面，并非严格遵循聚焦圆的弧面，因此这种测量几何也被称为"准聚焦"几何，如图 3.10 所示。

图 3.9　衍射仪上的 $\theta/2\theta$ 旋转轴

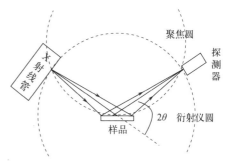

图 3.10　"准聚焦"几何

靶材被激发出的发散状 X 射线经过铍窗出射，经过一系列选光滤光装置后辐照到样品表面，在其镜面反射方向出射 X 射线衍射光，再次经过一系列选光滤光装置后，聚焦并进入接收狭缝以及探测器。X 射线管铍窗位置、接收狭缝位置均在聚焦圆上，且聚焦圆与样品表面相切。为了满足正常聚焦，样品表面理应制备成与聚焦圆等直径的圆弧面，但这在实际应用中会引起一系列不便，为了简化实验操作，样品表面依然加工成平面。

需要指出的是，X 射线由于具备材料穿透性，在材料表面一定深度上产生 X 射线影响区，这一影响区的存在使得衍射光依然能较好地汇聚到探测器位置处，因此样品表面制备成平面状态，对衍射光路的"聚焦"现象影响不大。

几何测角仪的测角精度和定位精度是衡量其性能的重要标准，测角精度或传动精度取决于材料性能与加工精度。材料性能好、加工精度高，测角仪的传动精度就高，反之材料力学性能不够好、加工精度也不够高，这样的测角仪不仅会引起测角精准度的不稳定，在实际应用时还需要经常对测角仪进行校准，影响衍射仪测量效率，严重时还会导致传动齿轮的磨损，引起不可逆的损坏。定位精度方面，目前国际一流的衍射仪，配备的基本都是光学定位系统，能实现任意位置定位和记录，定位精度能达到万分之一度甚至更高。光学定位系统之前的衍射仪采用的是机械定位，机械定位系统的定位精度、定位效率、定位稳定性等比光学定位系统稍低，但机械定位系统的定位精度可达千分之一度甚至接近万分之一度，这样的精度已能胜任几乎所有的高精度衍射测量工作。

根据几何测角仪的测角平面，可以将测角仪分为卧式和立式两种，原理如图 3.11 所示。

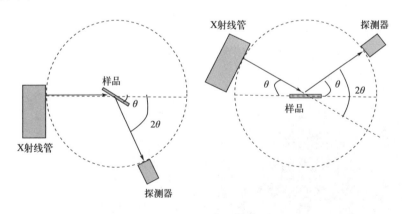

图 3.11 卧式（左）、立式（右）测角仪原理

卧式测角仪中，衍射圆水平，X 射线管、样品、探测器位于同一水平面，射线管固定不动，样品竖直插入样品台，样品台作 θ 转动，探测器作相应 2θ 转动。卧式测角仪测量装置振动小，数据准确度和精确度都较好，但操作空间小，扩展

其他功能困难。

立式测角仪中，衍射圆竖直，样品水平不动，测角仪入射轴与衍射轴分别带动射线管和探测器在衍射圆周上运动，目前大多数厂家生产的现代衍射仪均采用这一模式。这样的模式在制造加工方面复杂程度略高于卧式衍射仪，但却留出了足够的可操作空间用于特殊衍射测量，尤其样品台位置预留出了足够空间，可以自行设计样品台或其他测量系统，如高低温原位分析系统、电池充放电系统，微区测量系统等。

3.5 探测器

X射线探测器，又称X射线计数器，如图3.12所示，主要用来探测衍射光路上X射线光子的位置和强度，并将其转化为可累加的电脉冲信号，最终形成衍射图。

目前常用的探测器有闪烁计数器、正比计数器、半导体固体阵列探测器等。图3.13为闪烁计数器的工作原理。

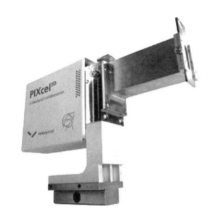

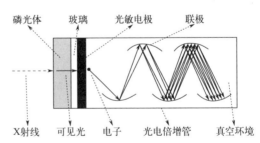

图 3.12 Malvern-Panalytical 公司生产的 PIXcel 型阵列探测器

图 3.13 闪烁计数器的工作原理

闪烁计数器：X射线光子进入发光晶体（磷光体、NaI等），将不可见的X射线转化为可见光，可见光再经光敏阴极转化为电子，经光电倍增管将电子信号放大，最后转化成可读取的脉冲信号被电脑软件记录下来。

考察探测器性能的常用指标有能量分辨率、线性计数范围、时间分辨率、噪声水平等。

（1）能量分辨率：以X射线光子引发的电脉冲信号定义，指电脉冲的半高宽与其强度的比值，以百分比表示，百分比越小，能量分辨率越高，对经典的闪烁计数器而言，能量分辨率的值一般为 45%～60%；从 X 射线光子能量的角度定义，指探测器能清晰分辨的最小 X 射线光子能量，以电子伏特表示，如450eV。所分辨的 X 射线光子能量越低，探测器能量分辨率越高。

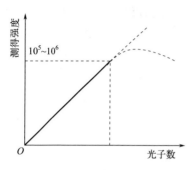

图 3.14　闪烁计数器的线性计数范围

（2）线性计数范围：指接收光子数与所转化的电信号呈正比例关系的范围，超出这一范围，光子数与电信号之间的关系将偏离线性，此时探测器的计数结果将无法准确表达所接收的光子数量，如图 3.14 所示。

一般情况下，探测器的性能要求是入射光子数正比于计数强度，但不同探测器性能有所不同，目前闪烁计数器（闪烁计数管）的线性计数范围约 $10^5 \sim 10^6$，这基本代表了该类型探测器的工作能力，近年来生产的（Si-Li 基）半导体阵列探测器，每个固体探测器单元线性计数范围可达 10^6，阵列探测器整体线性计数范围可达 10^9 以上（探测器单元能力与单元数乘积）。

（3）时间分辨率：指光子被转化成有效电信号所用的时间。该时间自然越短越好，但因机械、电路等原因，该时间因探测器原理和性能的不同而不同，该时间也被称为探测器的"死时间"；在死时间范围内，即便有 X 射线光子辐射进入探测器，探测器也来不及将之转化为有效电信号，从而造成信号损失。观察时间分辨率的最简单办法是，在特定测量时间内，观察衍射图背景噪声是否波动均匀，如果波动均匀性被严重影响，甚至噪声中出现很多"异常台阶"，说明该探测器时间分辨率性能不够，此时可以延长测量时间，等待探测器"反应"过来，来解决这一问题。

3.6　光学元器件

3.6.1　索拉狭缝

索拉狭缝（Soller slit），又称索拉光阑，是由一组严格平行的等间距的金属片组成的，用于控制穿过 X 射线的发散度，一般规格有 0.02rad、0.04rad、0.08rad 等，规格越小，金属片越密集，被遮挡的不与金属片平行的光越多，通过的平行光准直性越好。索拉狭缝原理与实物如图 3.15 所示。

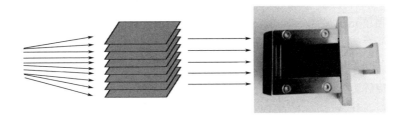

图 3.15 索拉狭缝原理与实物

3.6.2 发散狭缝、防散射狭缝、接收狭缝

发散狭缝（Divergence slit）：简称 DS 狭缝，用于框选出特定尺寸的 X 射线束。

防散射狭缝（Anti scattering slit）：简称 SS 狭缝，又称乱散狭缝，用于防止因空气散射、光路元器件散射等附加散射进入探测器中。

接收狭缝（Receiving slit）：简称 RS 狭缝，用于调节衍射光进入探测器时的宽度。

发散狭缝与防散射狭缝实物如图 3.16 所示。

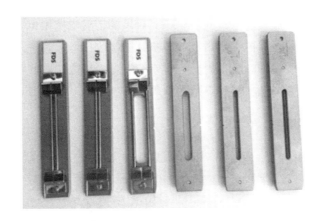

图 3.16 发散狭缝、防散射狭缝

接收狭缝的实物与发散狭缝、防散射狭缝类似。当使用闪烁计数器、正比计数器等大开口探测器时，需要在探测器前端配置可调节尺寸的接收狭缝，以便再次调整探测器的分辨率。对阵列探测器而言，当使用线探测模式时（Scanning line detector），每个固体探测单元的宽度即为该阵列探测器的接收狭缝宽度；当使用大开口模式时（Open detector 或者 Receiving detector），所使用的阵列点数（固体探测单元数量）所占据的总体尺寸，即为探测器接收狭缝的大小，此时接

收狭缝的尺寸等于固体探测单元的宽度与单元数量的乘积。由于阵列探测器中每个固体探测单元的尺寸（如 $60\mu m$）往往远小于一般接收狭缝所能调节到的最小尺寸，因此只需调整阵列点数和探测模式，即可收获不同功能、不同尺寸的接收狭缝，从而无需再行增加接收狭缝装置。

当应用阵列探测器的线探测模式开展衍射测量时，由于每个固体探测单元的宽度即为接收狭缝的尺寸，因此此时的接收狭缝非常小，能保证非常好的衍射峰分辨率，同时多个阵列点所接收信号的累加强化，又能在较短测量时间内显著增加衍射峰强度，从这两方面看，阵列探测器是真正实现高分辨率、高强度的革命性探测器。

发散狭缝、防散射狭缝、接收狭缝三者之间的光路关系如图 3.17 所示。

发散狭缝和索拉狭缝通常放置在紧邻 X 射线管之处，通过两种狭缝的相互垂直配合，可从 X 射线管出射的 X 射线中筛选出一束尺寸合适且准直性较好的

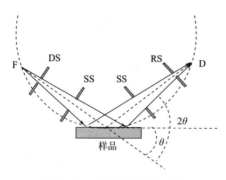

图 3.17　三种狭缝的几何关系

光；之后的入射光路中，为了避免空气分子散射、光路元器件散射等造成的散射光，在样品前端可以放置防散射狭缝，样品后端的衍射光路中也可以再放置一个防散射狭缝，紧邻探测器的一端放置接收狭缝。接收狭缝大，进入探测器的衍射光更多，衍射峰强度增加，但衍射峰分辨率会降低，反之接收狭缝小，衍射峰分辨率增加，但强度会降低（阵列探测器除外）。

3.6.3　滤光装置

滤波片（Filter）：在 X 射线光路中放置一块几微米或数十微米的金属薄片，将特定波长之外的 X 射线滤除，这样的金属薄片即为滤波片。对铜靶 X 射线而言，若使用 K_α 射线时，滤波片一般选择镍片，实物如图 3.18 所示。

滤波片工作原理如图 3.19 所示。

以 Cu 靶使用 Ni 滤波片为例。图中实线（左图）组成的 λ—I 曲线即为从 X 射线管出射的原始 X 射线波长和强度的函数关系图，放置

图 3.18　滤波片

Ni 滤波片后，虚线以下均为被滤波片滤除的部分，剩余部分只有微量的 K_β、少量混合波长的光，以及大量 $K_{\alpha 1}$ 与 $K_{\alpha 2}$ 组成的 K_α 光。

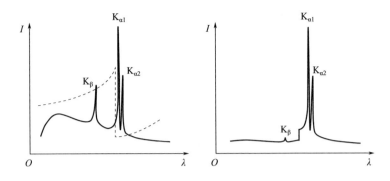

图 3.19 滤波片工作原理

一般情况下，滤波片既要保证滤除效果好，又要尽量不对原始 X 射线强度造成衰减，因此制作得非常薄，如 Cu 靶对应的 Ni 滤波片常常制作的厚度约为 $20\mu m$，滤除后原始 X 射线光强能保留 $50\% \sim 60\%$。

滤波片材料的选择是根据靶材确定的，一般选择原则是：当靶材元素序号在 40 以内时（含 40），滤波片使用比靶材元素序号低 1 位的材料；当靶材元素序号在 40 以上时，滤波片使用比靶材元素序号低 2 位的材料。

衍射仪上对 X 射线滤波的装置除了滤波片外，还使用单色器（Monochromator），其工作原理如图 3.20 所示。

单色器工作原理为：分光晶体（平板或弯曲）表面的晶面间距 d 值预设恒定，初始混合波长的 X 射线辐照在分光晶体表面上，根据布拉格方

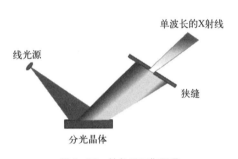

图 3.20 单色器工作原理

程可知，不同波长的 X 射线将被分光在不同的几何角度（d 值恒定，不同 λ 对应不同 θ，已知 λ，即可根据 λ 求出 θ），将分光晶体固定在不透光的装置中，并在计算好的位置处开放一个狭缝，狭缝中央出射的 X 射线即为特定波长的 X 射线，其他波长的 X 射线将被遮挡在装置中，这样的装置被称为单色器。

X 射线经过单色器处理，调整单色器狭缝的角度或位置，即可收获不同波长的单色光，用于后续的衍射测量。单色器是 20 世纪 70 年代后发展起来的滤光（滤波）技术，该技术过滤效果比滤波片更好，但从单色器中出射的 X 射线光强一般只能保留 30% 左右，强度衰减比滤波片大很多。

使用多级单色器处理，可以将 $K_{\alpha 2}$ 继续滤除，而收获真正单色的 $K_{\alpha 1}$ 射线，但光强将大量损失，这一功能主要应用在高分辨光路中。

3.6.4 其他光学元器件

（1）遮光板（Mask）：主要起到控制 X 射线束特定方向尺寸的作用，是除了常规狭缝外额外增加的带有特定尺寸或孔洞的装置，实物如图 3.21 所示。

图 3.21 遮光板

遮光板可以做成各类形状和尺寸，所用材料也不尽相同。除了遮光板外，额外增加的控制光路尺寸的简易光学装置还有光刀等，用一个锋利的边缘遮挡光束，减小光束尺寸或切除不需要的杂散光，这样的装置即为光刀。

（2）衰减片（Attenuator）：用于遮挡 X 射线束或减弱 X 射线束的光强的装置，主要用在测角仪双轴零点校正、小角散射等跨零点测量的情况，衰减片上一般会标注衰减倍数，所用材质与靶材性质有关，例如对于铜靶 K_α 射线而言，衰减片一般使用铜片、镍片或铜镍片，实物如图 3.22 所示。

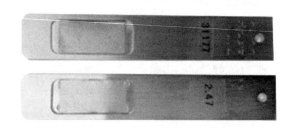

图 3.22 衰减片

（3）准直器（Collimator）：进一步提高平行光准直效果的装置，一般用于平行光路中。准直器由大量相互平行的金属片组成，X 射线束中只有平行于金属片的射线才能透过准直器，不平行的 X 射线均被准直器吸收或遮挡。准直器的结构和功能与索拉狭缝（或光阑）相似，不同的是准直器的金属片比索拉狭缝更长，金属片之间的距离比一般索拉狭缝更小。准直器实物如图 3.23 所示。

PHD（Pulse height distribution）：波高分布调节，主要用于调整探测器接收到的光子能量范围。例如在使用铜靶 K_α 射线对高铁材料开展衍射测量时，会产生强烈荧光效应，导致衍射结果中背景值增大、信噪比降低，为了降低背景值

图 3.23 准直器

并提高信噪比，可以将 PHD 下限（接收的最小光子能量值）提高。但需要指出的是，改变 PHD 降低背景的方法，会同时降低衍射峰的绝对高度，对微量物相分析不利。

3.7 常用样品台

3.7.1 平板样品台

此类样品台是衍射仪上所使用的最简单的样品台，一般均会加工出基准测量面或基准测量线，使用弹簧片或弹簧板夹持，样品架为平板状，测量时将制样完毕的样品架直接插入弹簧片中，即可获得与基准面平齐的测量面，如图 3.24 所示。

图 3.24 平板样品台

平板样品台拆装方便，对应的样品架制样简单，很容易获得与测量基准面平齐的样品面，几乎是所有粉末衍射仪的标准配置，可以用来开展物相定性定量测量、薄膜物相测量、小角衍射测量等工作。

3.7.2 自动进样器

使用机械自动化完成样品架在平板样品台或类平板样品台装置上自动装卸的

装置。此时的样品架常被制作成特定形状、特定尺寸且方便装卸的样品盒，如图 3.25 所示。

以 Malvern-Panalytical 公司生产的自动进样器为例，可以一次性安装 45 位样品架，在测量程序编辑完毕后，样品架由机械钩自动送样进入测量位置，测量完毕后自动取出更换下一位样品架。这样的自动进样器，避免了人为更换样品的环节，使制样过程和测量过程能连续平稳地进行，提高了测量效率。

图 3.25 自动进样器（Malvern Panalytical 公司生产）

自动进样器适合大量粉末样品、少量粉末样品、片状样品、小型块状样品的自动进位测量。

3.7.3 微区样品台

当粉末样品非常少时，可以使用无背景硅片（预设单晶或高择优取向的硅片，其衍射峰几何位置控制在样品测量所需的 2θ 范围之外）分散制样，但这样的制样方式依然存在因粉末在硅片表面凹凸不平或厚度不均造成的 X 射线衍射信号不够集中、衍射信号弱且衍射峰位置可能偏移等问题，此时可以使用微区样品台与微区衍射测量方式实现。

对于块体样品表面任意位置的微小部分或微小区域的测量，在一般衍射样品台上是难以实现的，但微区样品台和微区测量模式可以较好地实现该类测量。

微区测量与普通测量的主要区别如下：

（1）使用多狭缝协调控制或可控尺寸的反射透镜，将原始横截面较大的 X 射线束缩减为横截面很小的微束，以便精准控制 X 射线的辐照范围；

（2）需要定位装置，指出测量基准面所在的具体空间位置（含 XYZ 三个方向），可以使用光学定位（如激光定位器）或机械定位（如千分高度计），此时可以通过手动或 XYZ 三轴移动自动控制的样品台（微区样品台），将所需测量的微小区域精准地调整到基准面上；

（3）微区测量时间比普通测量要更长，因为 X 射线束被调整成了尺寸很小的微束，X 射线光强大幅减小，需要通过延长测量时间，并且采用步进测量模式，才能增强衍射信号，并被探测器清晰地捕捉到。

3.7.4　多轴样品台

在 XYZ 三轴样品台的基础上，增加旋转轴，如样品测量面水平旋转的 φ 轴，样品测量面朝着与衍射平面垂直方向倾转的 χ 轴，样品测量面沿着衍射平面倾转的 ω 轴等，形成多轴样品台。

多轴样品台能实现全空间晶面位置选择，从而为残余应力测量、织构极图测量、单晶或高择优取向晶粒位向测量等提供硬件基础。

3.7.5　高温样品台

当研究材料在高温条件下的相变时，需要用到高温原位样品台。Anton Paar 生产的衍射仪用环境加热式高温样品台如图 3.26 所示。

图 3.26　衍射仪用环境加热式高温样品台（Anton paar 生产）

如图 3.26 所示，环境加热式是将样品通过样品架置于炉体空间中央区域，使用炉体内置的电阻丝通电加热，电阻丝的热量通过热辐射的方式传递到样品。这样的加热方式升温速率较慢，但样品温度稳定均匀，环境加热式高温样品台一般能达到的最高使用温度为 1200℃。

在烧结、凝固等实验中，还需要将高温样品台的最高温度继续提高才行，从而开发出了接触式加热方式，这样的方式要求被测量样品均匀撒（或涂抹）在通电加热的金属板上，依靠金属板对样品的热传导方式加热。接触式加热方式升温速率快，但对样品厚度有一定要求，样品较厚时样品的上下表面会存在较大温度差。接触式加热方式最高温度可达 1600℃。

除了高温原位样品台外，衍射仪上还可搭配低温原位样品台、电池充放电原位样品台、高压原位样品台等。

第**4**章

测量与参数

X射线衍射仪是实现衍射测量的硬件基础。衍射仪上配备的X射线管、几何测角仪、探测器以及各类光学元器件、各类样品台等均具有精度高且可调范围广的性能指标，使用不同的指标和参数，将收获不同的应用光路，最终实现不同的测量目的。因此要想收获满意的测量结果，除了要求衍射仪性能达到要求外，还必须根据样品性质、测量目的等因素精细调整各类部件的相关参数，以便充分发挥衍射仪的测量能力，达到最佳的测量目的。这就要求在开展衍射测量之前，必须充分了解各类部件的工作原理，并深入认识各类部件的指标参数。

4.1 测量程序与参数

4.2 仪器参数

4.3 狭缝参数

4.4 样品制备参数

4.5 测量范围

4.6 测量速率

4.7 测量步长

4.8 测量模式

4.9 测量时间

4.10 薄膜掠入射参数

4.11 高温衍射参数

4.1 测量程序与参数

在 X 射线衍射测量实验中，影响测量过程的参数都可称为测量参数。测量参数包含仪器配置参数、光学元器件参数、测量步长、测量时间、测量速率、测量模式、测量范围等。现代衍射仪都使用测量程序完成测量，测量程序中对这些参数都有预设值，实际测量时可以在预设值基础上根据实际情况进行修改或调整。测量程序界面如图 4.1、图 4.2 所示。

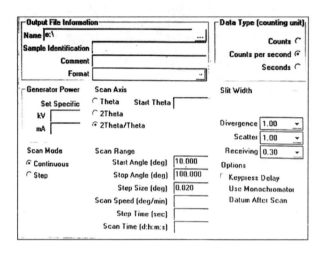

图 4.1 Rigaku 公司生产的 D/max 2200 型衍射仪测量程序界面与仪器参数

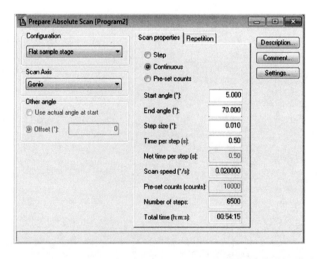

图 4.2 Malvern-Panalytical 公司生产的 EMPYREAN 型衍射仪测量程序界面与仪器参数

由图可知，测量程序中还包含 X 射线管电压、电流，样品台类型，探测器类型及参数，单色器信息，样品名称内容信息等。

4.2 仪器参数

（1）靶材参数：仪器使用时，必须事先清楚所使用的靶材类型和射线波长，如使用铜靶 $K_{\alpha 1}$ 射线时（忽略 $K_{\alpha 2}$ 的影响），经滤光之后的射线波长应为 1.54056Å，若使用铜靶 K_{β} 射线，则波长变为 1.39222Å；如使用钴靶 $K_{\alpha 1}$ 射线时，经滤光之后的射线波长应为 1.78897Å；射线波长不同，具体表现为衍射峰几何位置的不同。需要注意的是，不同生产厂家所生产的射线管，即便是同一靶材料，射线波长也可能存在一定偏差；此外，当使用不同靶材或不同射线对同一材料开展测量时，所获取的衍射结果在互相对比/转换过程中，也必须注意靶材波长的差异。

（2）光学模块参数：衍射光路中常使用一些光学集成模块，如点线焦斑互换模块，平行光转换模块、双晶单色器集成模块、微束处理模块等，这些模块也存在一定的零点偏差。通常情况下，在仪器安装调试时，工程师针对特定应用光路已将这些模块的零点偏差调整到最佳值，当更换这些模块时，也需要同时将应用光路更改成模块适应的光路，否则因为不同模块之间的零点偏差不同，会引起测量所得的衍射峰位置偏移。此外，工程师将模块零点偏差调整好之后，零点偏差并非永久不动，在更改光路、更换模块、机械运动等情况造成的细微振动条件下，甚至不小心地碰撞后，模块零点偏差可能偏离最佳值，此时需要人为补给或再行对模块偏差进行调整，否则同样会引起衍射峰几何位置的偏移。

（3）探测器参数：闪烁计数器、正比计数器等探测器的参数主要由其前端的接收狭缝控制，阵列探测器的参数主要由其探测模式、阵列点数量、固体探测单元开口尺寸决定。探测模式决定了阵列探测器中的固体探测单元的工作模式，常规的探测模式有：线探测（Scanning line detector）、面探测（Scanning area detector）、开口探测（Open detector）、接收狭缝模式（Receiving slit）、静态模式（Static scanning detector）等。

（4）线探测模式：阵列探测单元中，只有沿着衍射圆方向的阵列点在工作，垂直衍射圆方向的阵列点不工作。此时，每个固体探测单元独立接收衍射信号，并将衍射信号实际的位置和强度记录成该信号所对应的具体 2θ 几何位置和强度，等探测器所有固体单元记录完毕，再将所有记录信号综合在一起，构成最终输出

的 2θ 位置和强度。因此线探测模式下，接收狭缝的大小即为一个固体单元的宽度。

（5）面探测模式：所有阵列点均独立接收信号，并将衍射信号记录成衍射信号所对应的具体 2θ 几何位置和强度，等探测器所有固体单元工作完毕后，将所有记录的 2θ 位置和强度综合在一起，构成最终输出。面探测模式是在线探测模式基础上开展的，得到的结果为德拜环。

（6）开口探测模式：沿着衍射圆方向的所有阵列点都工作，并将所有接收到的信号强度加和在 2θ 位置处，而垂直衍射圆方向的阵列点都不工作。这种测量模式下，阵列探测器相当于一个大的接收狭缝，狭缝长度为工作的阵列点的数量与每个固体单元开口尺寸的乘积，狭缝宽度为单个固体单元的开口宽度。

（7）接收狭缝模式：可以自由选择工作的固体单元的数量，所有工作的固体单元构成一个接收狭缝，工作方式与开口探测模式一致。

（8）静态模式：分为静态线探测模式、静态面探测模式，其工作方式与线探测、面探测模式一致，不同的是，整个测量过程中探测器整体保持不动，探测器中所有工作的阵列点占据的空间范围即为探测器所探测的空间范围。

除了工作模式外，阵列探测器参数还应关注阵列点的数量以及固体探测单元的开口尺寸，例如对于 Malvern Panalytical 公司生产的 Pixcel 3D 阵列探测器而言，阵列点数为 256×256 个，合计 65536 个探测单元，每个探测器开口尺寸为 $55\mu m$，所有阵列点占据的空间尺寸约为 $14.1mm\times14.1mm$，沿着衍射圆周方向的 14.1mm 即为开口探测模式下接收狭缝的长度，控制工作时的固体单元数量，即可控制接收狭缝模式下实际接收狭缝的尺寸大小。

4.3　狭缝参数

（1）发散狭缝（DS）：大小一般用角度（°）表示，如 1/8°、1/4°、1/2°、1°、1.5°等。数值越小狭缝越小，透过狭缝后的 X 射线束越窄，探测器收获的衍射信号强度越低，衍射结果中的衍射峰宽度越小（衍射峰分辨率提高）；反之发散狭缝越大，衍射信号强度越高，但衍射峰宽度也越大，不利于相邻衍射峰的分辨；综合考虑衍射信号强度和衍射峰宽度等因素，发散狭缝既不能太大，也不能太小，衍射测量时需选择合适的狭缝尺寸。当测量较低 2θ 时，若发散狭缝较大，容易造成入射光部分直接进入探测器的情况，这种情况下会导致衍射图起始角度附近的背景强度大幅度提高，相对压缩后续的有效衍射信号，不利于物相分析。

（2）防散射狭缝（SS）：与发散狭缝在形态结构上基本一致，不同的是在入射光路中标注尺寸大小常用角度（°），衍射光路中常用宽度（mm），如 1/2°、1/4°、1mm、5mm、7mm 等。由 X 射线管出射的 X 射线在到达样品表面的过程中是逐渐发散的，所以在发散狭缝后、样品之前放置的防散射狭缝，一般宽度都要大于发散狭缝，且距离样品越近，防散射狭缝选择的尺寸越大，具体尺寸选择可根据防散射狭缝所处的光路位置估算，衍射光路同样如此。但在入射光路中为了获得更为精准的入射光束，可以采用防散射狭缝等于发散狭缝的情况，此时所选的 X 射线束为初始 X 射线束光子密度最为集中的中央区域。若防散射狭缝过小，将会连同有效光一起遮挡，会降低有效衍射信息的强度，若防散射狭缝过大，则将导致很多杂散光（或称乱散光）进入衍射光路，不利于测量结果的准确性。

（3）接收狭缝：位于衍射光路中探测器前端的狭缝，其尺寸常用宽度（mm）表示，如 0.3mm、0.5mm、1mm 等。接收狭缝作为独立狭缝存在时，一般配备的探测器为零维探测器，如闪烁计数器、正比计数器等，当使用阵列探测器时，由于组成阵列探测器的每个固体探测单元的开口宽度一般都很小，如 $60\mu m$ 或 0.01°等，这一尺寸远小于作为独立光学元件的接收狭缝，因此在阵列探测器之前不必专门设置接收狭缝。一般情况下，接收狭缝越大，单位时间内进入探测器的 X 射线光子数越多，衍射峰强度越高，但衍射峰宽度会增加，导致衍射峰分辨率下降，反之接收狭缝越小，单位时间内探测器接收的 X 射线光子数越少，衍射峰强度降低，但衍射峰宽度也会减小，衍射峰分辨率会提高。

狭缝尺寸的两种表达方式是可以互换的，如发散狭缝 1/4°，等于衍射圆周上 1/4°圆心角对应的衍射圆周长，即 $(1/4° \div 360°) \times 2\pi R$，此时 R 为衍射圆半径（测角仪半径），假设测角仪半径为 240mm，则 1/4°发散狭缝对应长度尺寸约为 1mm。

（4）索拉狭缝：为提高入射光与衍射光的准直性所用的通用装置，常用弧度（rad）为单位。弧度越大，索拉狭缝中平行金属板之间的距离越大，透过索拉狭缝的光越多，衍射信号强度越高，但光路准直性差，可能导致衍射峰不对称或异常展宽；弧度越小，平行金属板之间的距离越小，透过索拉狭缝的光越少，衍射信号强度越低，但光路准直性好。索拉狭缝对衍射峰的影响如图 4.3 所示。

由图可知，无索拉狭缝时，衍射峰强度高，但衍射峰对称性差，使用索拉狭缝时，衍射峰对称性得到显著改善，但总体强度降低。

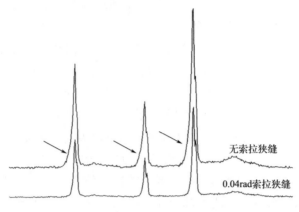

无索拉狭缝

0.04rad索拉狭缝

图 4.3 索拉狭缝对衍射峰的影响

4.4 样品制备参数

(1) 样品表面高度：当使用平板样品台时，只需要将样品表面制备成与样品架表面高度齐平，样品架被平板样品台的弹簧片夹持后，即能保证样品表面在测量时能较好地位于测量基准面上；当使用多轴样品台时（如 XYZ 三轴样品台、XYZ-Chi/Phi 五轴样品台），样品架置于样品台表面上之后，需要手动或自动对样品台的高度进行校正，以便使样品架表面或样品表面处于测量基准面高度位置。此外，在使用多轴样品台时，除了样品表面高度需满足要求外，还需关注样品表面是否暴露在 X 射线辐照范围内，此时需对样品位置在样品表面所在的平面进行适当调整（调整 XY 方向）；如果样品表面倾斜，还需倾转样品台，将样品表面位置调整到测量基准面上，并且暴露在 X 射线辐照范围内。

(2) 样品表面尺寸：受测量几何影响，X 射线入射角度最小时，射线辐照范围或辐照面积最大，且随着入射角的逐渐增加，X 射线辐照范围逐渐缩小；当样品表面尺寸足够大时，X 射线束辐照范围能一直处于材料表面范围内，入射光束的所有光子都参与测量过程，从而无论入射角度多大，测量结果中的背景强度基本趋于稳定；但当样品表面尺寸不够大时，在入射角较小时，X 射线束辐照范围可能超过样品表面面积，只有在入射角度较大时，才能使 X 射线束中的所有光子都参与测量过程，如此将引起测量结果中的背景值不再稳定不变，而是在入射束辐照面积等于样品表面面积之前，背景值逐渐增加，在二者相等之后，背景值趋于恒定；当样品表面面积过小，入射束辐照范围在整个测量过程中始终大于样品表面面积时，所得的结果背景将呈逐渐增加的过程，尤其当入射光束能激发材料强烈荧光时，这种逐渐增加的趋势更为显著。

（3）样品厚度：X 射线对不同材料的穿透能力是不同的，穿透过程中不同材料对 X 射线的吸收能力也不相同。X 射线对不同材料的穿透深度，可以由式（4.1）计算。

$$t_0 = \frac{1}{\mu_{\mathrm{m}}\rho} \tag{4.1}$$

式中，t_0 为 X 射线由初始强度衰减到 e^{-1} 倍时所穿透的样品厚度；μ_{m} 为材料的质量吸收系数；ρ 为材料的密度。

由式（4.1）可知，X 射线波长不同，同一材料对 X 射线的质量吸收系数不同，从而 X 射线穿透能力不同；材料的密度不同，也会影响 X 射线的穿透能力。因此，影响 X 射线穿透能力的因素可以概括为 X 射线波长、材料本身两大因素。一般情况下材料的密度越小，X 射线穿透深度越大；X 射线波长越短，X 射线穿透深度也越大。

当所使用的 X 射线波长固定时，样品密度越小，样品材料对 X 射线的质量吸收系数越小，从而 X 射线穿透深度越大，此时若样品厚度不够，X 射线部分光子将穿出材料，造成有效信号的损失，此外因为 X 射线穿透深度较大，测量所得的衍射峰几何位置也会因此向低角度偏移，造成测量偏差。

4.5 测量范围

在 $\theta/2\theta$ 两轴联动测量过程中，测量范围指衍射角 2θ 的测量范围，此处的 2θ 是入射光束方向与衍射光束方向的夹角，或衍射光束偏离入射光束的散射角。2θ 测量范围比较大时，称为广角衍射；2θ 测量范围在很低角度的狭窄范围内时，称为小角衍射。现代粉末衍射仪测量范围一般都能达到 120°以上（不同仪器的最大测量范围有所不同），有的甚至能达到 140°或更大，但并非每次的测量都是 2θ 范围越大越好，为节约成本，减少不必要消耗，测量范围一般根据样品的不同而不同。

当使用 Cu 靶 K_α 射线时，有机物的晶面间距一般比较大，因此对应的 2θ 衍射角较小，测量范围一般控制在 2°～60°即可；无机物测量时 2θ 一般选择 10°～80°，当然也可以扩展为更大范围，如 5°～100°；金属或合金测量时，2θ 一般选择 20°～120°，如果要分析合金组织中的化合物或中间相，测量范围必须包含无机物的测量范围，如可以选择 5°～120°；土壤或矿石测量时，很多黏土矿物第一个特征峰（比较重要）常常出现在 5°～10°范围内，因此测量范围应该从 5°起，当样品中可能存在蒙脱土（或蒙脱石，为膨润土的主要成分）等特殊矿物时，由于蒙脱土容易吸水膨胀，一旦吸水，第一个特征峰 2θ 将低于 $5°$，甚至可能达到 $2°$ 范围，因此其测量范围可以考虑从 $2°$ 起。

在考虑大批量样品测量时，为避免测量范围经常修改，可将测量范围统一设为 $2°\sim100°$，如遇到特殊样品可对测量范围进行对应调整。

小角衍射时，由于该类衍射主要用于测量尺寸较大的层间距或晶面间距，其对应的 2θ 往往很小，因此小角衍射测量范围可以控制在 $0.1°\sim5°$，为保障测量质量，此时的步长可以适当减小，每步停留时间也可以适当延长，发散狭缝的宽度需要调整到很小尺寸，以避免入射光直接进入探测器，造成不良影响。

薄膜掠入射时，2θ 的测量范围与粉末衍射相似，但需设置掠射角的大小。当采用的入射光束为聚焦光束时，掠射角的最小值取决于所使用的发散狭缝大小；当采用的入射光束为经处理得到的平行光束时，由于平行光束的准直性较好，掠射角可以设置为很低的角度，如 $0.1°\sim1°$ 范围内。

晶胞参数测量时，衍射峰几何位置 2θ 越大，测量结果越精准，因此 2θ 测量范围最大值一般选择在 $100°$ 以上；残余应力测量时，尤其使用"同倾法"条件下，考虑到倾转角的影响，衍射峰几何位置 2θ 同样越大越好。

不建议 2θ 从 $0°$ 开始，2θ 为 $0°$ 时对应的入射角 θ 也为 $0°$，此时入射光直射进入探测器，长时间"直射"会造成探测器元器件损伤，或者半导体探测器"电荷饱和"等不良现象，导致探测器无法工作。当不得不"直射"时，可以采用衰减片遮挡大量入射光。

4.6 测量速率

测量速率，指完成 2θ 测量范围时的平均速率，具体表现为探测器在每一步上停留的时间大小，因此表达测量速率一般有两种方式：每分钟测量的 2θ 范围 [单位为 $(°)/\text{min}$]，探测器在每一步上停留的时间（单位为 s/step）。

测量速率的大小，直接影响测量结果的质量。测量速率越小，测量花费的总时间越长，探测器在每一步停留的时间也越长，几何测角仪运转越平稳，从而仪器振动等对探测器所接收的衍射信号的影响也越小；反之，仪器振动对探测器所接收的衍射信号较大，其影响不能忽略。

衍射仪一般将测量模式划分为连续测量、步进测量两大类型。对连续测量而言，测量速率减小，会增加在每一步上停留的时间，衍射信号的稳定性会显著增加，这一现象可具体体现为测量背景变得更为平直，且噪声波动范围小，波动的上下幅度对称性好；当采用步进测量时，每步停留时间的延长，不仅使得测量稳定性增加，而且会显著增加衍射强度，抑制测量过程中的振动等因素所引起的不良作用。

一般情况下，当开展粉末衍射测量时，测量速率对主量物相的衍射峰影响不大，但对微量物相引发的"较弱"衍射峰影响显著，以及对 2θ 较大的衍射峰的峰形影响显著。一般情况下 $2\sim10(°)/\text{min}$ 的测量速率可以满足大部分广角测量的质量需求，当速率超过 $10(°)/\text{min}$ 时，可能造成 2θ 较大的衍射峰发生峰形畸变（如对称性变差）。

当需要开展物相定量分析、峰形分析或微结构分析时，建议采用步进测量模式，在此模式下每步停留时间越长，衍射图质量越高，但并非每次的测量都要消耗很长时间，这需要根据仪器配置和元器件性能最终确定测量速率，例如当各类元器件性能不佳，探测器死时间较长时，测量时间可能需要数小时到数十个小时，但若各类元器件性能良好、X 射线亮度高、探测器性能优良、样品表面平整度高，则此时测量数分钟，即可满足大量工作的需要。

4.7　测量步长

步长，指几何测角仪每迈进一步的距离，在衍射图中表现为相邻两个信号点之间的 2θ 差，现代衍射仪一般采用的是固定步长的模式，即在整个测量过程中，步长不变。

理论上步长的大小，决定了测量结果的细致程度，例如步长越小，所获得的衍射图越精细，图谱质量越高，反之步长越大，衍射图越粗糙。但当测量总时间确定时，步长越小，探测器迈过的总步数越多，在每步停留的时间将越小，最终导致每步测量的信号均无法忽略因机械振动等原因引起的偏差，从而使图谱准确度变差。从这一角度来看，衍射图不能只考虑是否细致，还应顾及衍射信号的准确性，因此减小步长的同时，必须等比例延长测量时间，使探测器在每一个新的位置都能收集到足够稳定的信号，才能得到更高质量的衍射图。

一般情况下，步长选择 $0.02°$ 即可满足大多数需求。以晶胞参数分析为例，当步长选择 $0.02°$、$0.01°$、$0.005°$ 时，对关键参数 d 值的影响如式（4.2）所示。

$$d = \frac{n\lambda}{2\sin\theta} \tag{4.2}$$

当步长为 $0.02°$ 时，$\theta = 0.01°$，$\sin\theta = 0.000174$；当步长为 $0.01°$ 时，$\sin\theta = 0.000087$；当步长为 $0.005°$ 时，$\sin\theta = 0.000044$。在现代衍射仪条件下，关键参数 d 值关注的一般是 $10^{-2}\sim10^{-4}$ Å，因此步长选择 $0.02°$ 时，$\sin\theta$ 对 d 值 10^{-4} 取值的影响已基本可以忽略。当然，在测量时间允许的情况下，为获得更高质量的衍射图，步长可以选择更小点。

实际测量时，如果衍射峰或散射峰（非晶）半高宽比较大（如半高宽超过 0.2°），为提高测量效率，可以将步长适当增加，例如步长选择 0.05°或更高。

零维探测器（点探测器）与阵列探测器的设计原理有所不同，零维探测器（或阵列探测器的零维探测模式）可以将步长准确地设置为任意值，因此步长可以严格达到 0.02°，但当使用阵列探测器的阵列探测模式时，步长的取值一般是固体探测单元开口大小的整数倍，例如固体探测单元开口尺寸为 0.013°时（约 60μm），步长取值是 0.013°的整数倍，即 0.013°、0.026°、0.039°等，此时步长将无法严格等于 0.02°。

4.8 测量模式

测量模式，指几何测角仪的扫描模式（Scanning mode），一般分为连续测量（Continuous）、步进测量（Step）、分段测量、预设测量等。

连续测量：一般情况下的衍射测量，均可采取连续测量模式，在该模式下以每分钟的测量范围表示测量速率，衍射图纵轴单位常选择 CPS（Counts per second）或 Counts。

步进测量：当需要获得更高质量的衍射图时，可采用步进测量模式，在该模式下以每步停留时间表达测量速率，衍射图纵轴单位采用 Counts；步进测量适用于微结构分析、晶体结构解析、衍射线性分析、定量分析等方面；每步停留时间越长，所得数据衍射峰强度越高，衍射图质量越高。

连续测量与步进测量主要区别在于：连续测量是直流马达在连续运动下的测量，步进测量则是马达每运动一步即停下来再开展的测量。本质上，连续测量也并非理想化的连续，马达仍然需要一步步地不断迈进完成测量，但马达的迈进精度取决于马达的机械设计和加工精度；相对而言，步进测量对每一步的精度控制得更好。

两者的区别在测量参数上具体体现为：连续测量主要关注测量速率，例如 5(°)/min 的测量速率要求每分钟测量的 2θ 达到 5°，5°范围内存在 250 步（当步长为 0.02°时），每步可能或多或少都存在角度偏差，但 250 步的总体距离一定为 5°；步进测量主要关注每步的准确性，例如 2s/step 的测量速率要求每步停留 2s，即马达每迈出 1 步都会停留 2s 的测量时间；由参数对比可以看出，连续测量模式并不保证每步测量的准确性，但却保证了全局测量时间的准确性，但步进测量却将每一步都做到了尽可能"精准"，因此步进测量获得的图谱质量一般都较高，但耗费时间也会远远超出连续测量。

分段测量模式：当需要一次性高质量测量多个衍射峰时，为尽可能缩短测量时间，可以选择分段测量模式，将不关注的 2θ 范围略过，只测量需要关注的 2θ 范围。

预设测量模式：在衍射仪上可以实现定时计数和定数计时两种强度测量方式，步进测量为定时计数方式，预设测量则为定数计时方式；在预设测量模式下，可以提前设置衍射信号强度值，要求信号强度达到该设定值时，测角仪才迈进下一步。

当现代衍射仪采用高精度加工的直流马达完成机械运动，并采用高精度光学编码定位系统时，马达运动可以只采用步进模式完成所有测量，从而将连续测量和步进测量合并，即马达运动将一直采用运动一步停留足够时间再开展测量的模式。在这种合并情况下，马达的机械运动均能保障测角仪每迈出 1 步的精度，因此在这一条件下连续测量与步进测量将不再有严格的界限划分，影响测量质量的因素只有每步的停留时间。

4.9　测量时间

测量时间，指完成一次测量所用的时间。测量时间越短，测量效率越高，测量成本越低，反之测量效率越低，测量成本提高。测量时间与测量模式、测量速率、步长大小、测量范围等参数密不可分。

假设：测量速率为 $2(°)/\mathrm{min}$，测量步长为 $0.02°$，每步停留时间为 $1\mathrm{s}$，测量 2θ 范围为 $10°\sim110°$，测量实际效果如图 4.4 所示。

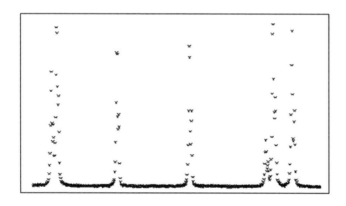

图 4.4　实际测量结果图（以计数点显示）

按每步停留的时间计算，一张衍射图测量完毕，共需迈进的测量步数为 $(110-10)/0.02=5000$ 步，每步停留 $1\mathrm{s}$，则总测量时间为 $5000\mathrm{s}$（约 $1.4\mathrm{h}$）；按测量速率计算，总测量时间为 $(110-10)/2=50\mathrm{min}$。可见两种计算方式结果不相符，这说明以上范例中对测量速率、每步停留时间的设定是矛盾的。

实际测量时，测量程序将测量速率和每步停留时间设置为互锁关系，即设置其中一个，另一个程序会自动计算出来，不必担心会设置出矛盾参数。

测量时间对测量质量有直接影响。一般情况下，测量时间越长，在每步停留的时间越长，连续测量获得的衍射信号越准确，步进测量获得的衍射信号强度越高。但在考虑测量效率和测量成本的情况下，只要测量质量满足分析要求，没必要过于增加测量时间。

4.10　薄膜掠入射参数

薄膜掠入射衍射（Grazing incidence XRD），简称 GID 或 GIXRD，适用于薄膜晶体物相和微结构分析，其原理是 X 射线在材料表面全反射之前或全反射时，近乎平行于材料表面的衰逝波能穿入表面一定深度，进而产出衍射峰信息。

波长为 λ 的单色 X 射线在材料中的折射率为：

$$n = 1 - \delta - i\beta \tag{4.3}$$

式中，δ 为折射率实部；β 为虚部。经计算，δ 和 β 的值为 $10^{-6} \sim 10^{-4}$，由此可知，X 射线在一般介质材料中的折射率 n 略小于 1，当 X 射线以小于或等于临界角度的入射角 α 从真空辐照材料表面时，会发生全外反射现象。

单色 X 射线在光滑材料表面的全反射角 α_c 可以表示为：

$$\alpha_c = \lambda \sqrt{\frac{N_A r_e \rho Z}{\pi A}} \tag{4.4}$$

式中，r_e 为电子经典半径；N_A 为阿伏伽德罗常数；ρ 为平均电子密度；Z 为原子序数；A 为原子量；λ 为 X 射光波长。对于单质 Si 材料的光滑表面，当入射光波长为 1.54Å 时，α_c 约为 0.22°。

全反射之前，衰逝波穿入材料表面的深度可以表示为：

$$L = \frac{\lambda}{2\pi \sqrt{2\delta - \sin^2 \alpha}} \tag{4.5}$$

由式(4.5)可知，随着 X 射线入射角 α 逐渐增大，穿入材料表面的深度 L 逐渐增加，对于 Si 材料光滑表面，当波长为 1.54Å 的 X 射线以全反射角 α_c 入射时，衰逝波穿入材料表面的深度约为 30nm。当 α 为 0 时，X 射线（衰逝波）穿入材料表面深度可表达为：

$$L^* = \frac{1}{\sqrt{4\pi r_e \rho}} \tag{4.6}$$

由式(4.6)可知，最小穿透深度 L^* 与 X 射线波长 λ 无关，对大多数材料来说，L^* 约为 5nm。因此 X 射线在材料表面发生全反射之前，X 射线对材料表面穿透的主要形式为衰逝波，穿透深度最小为 5nm 左右，最大可达几十纳米。

当入射角 $\alpha > \alpha_c$ 时，此时 X 射线将直接穿入材料表面，穿透深度将受到材料吸收的影响，且随着 α 的增加，穿入深度增加。此时穿入深度可表达为：

$$L = \frac{1}{2\mu}\sin\alpha \tag{4.7}$$

式中，μ 为材料线吸收系数。由式(4.7)可知，当 μ 为 0 时，X 射线理论上能穿入材料无限大的厚度。

随着 X 射线入射角 α 由 0 逐渐增大时，X 射线将经历先在材料表面全反射，之后直接穿入材料并受到材料吸收的影响的过程，两个过程的转折点发生在 $\alpha = \alpha_c$ 时。实验证明，当 $\alpha < \alpha_c$ 时 X 射线对 X 射线表面最大穿入深度只有几十纳米，但当 $\alpha > \alpha_c$ 时穿入深度将迅速增加至数百甚至数千纳米。

因此在开展薄膜掠入射衍射测量时，入射角 α 常选择在全反射角 α_c 附近（实际测量时，为增加衍射强度，所选择的 α 一般大于 α_c），这样的方式所收获的衍射信号基本都是由薄膜本身产生，如此可尽可能避免基体材料的散射、干涉对薄膜衍射信号的影响。

薄膜掠入射衍射的测量方式为：X 射线入射角 α 固定不动（入射轴不动，α 取值略大于全反射角，故 α 也称为掠射角），旋转探测器（衍射轴运动），测量获得 2θ 衍射图。在 X 射线波长为 1.54Å 条件下（铜靶 $K_{\alpha 1}$），掠射角一般不超过 $1°$。当掠射角 α 设定后，衍射圆将整体作 $\omega = \alpha$ 倾转，即探测器会向同方向补给 α，以满足 2θ 准确测量需要。

薄膜掠入射测量除了利用全反射现象外，在很低的掠射角时，X 射线光子穿入材料时的路程将较好地控制在薄膜范围内（假设每个 X 射线光子穿入材料的深度恒定），借助这一手段可显著提高薄膜衍射信息的强度，并尽可能避免 X 射线光子到达基体表面。如图 4.5 所示。

图中 F 为线光源，h 为 X 射线平行光束的宽度，D 为射线在薄膜表面的辐照宽度，x、y 分别为不同入射角 α 时射线光子在材料中的穿透深度，H 为射线穿透材料的垂直深度，当忽略薄膜与基体吸收系数的差异时，$x = y$。由图可得：

$$D = h/\sin\alpha \tag{4.8}$$

$$H = x/\sin\alpha \tag{4.9}$$

由式(4.8)、式(4.9)可知，减小入射角 α，可以增加射线辐照宽度 D，并减小射线穿透材料的垂直深度 H，有利于将射线光子大部分集中于薄膜内，使测量结果基本都是薄膜衍射信息。

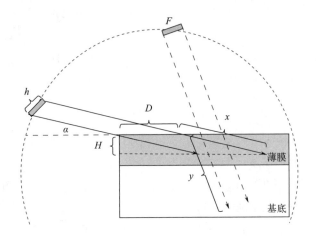

图4.5 GID条件下X射线的辐照范围

当采用聚焦光束开展薄膜衍射测量时，随着2θ的增加，产生衍射现象的晶面位向将发生变化，导致在聚焦圆上的光束聚焦点发散度增加，引起衍射峰宽度逐渐增加，即随着2θ的增加，所收获的衍射峰宽度将逐渐增大。为避免这一现象，并增加掠入射衍射的信号强度，建议采用平行光束。

当入射光采用平行光束时，应使用零维探测器或零维探测工作模式。例如，当探测器为阵列探测器时，需要使用开口模式或接收狭缝模式（均为零维探测工作模式），此时所有工作的阵列点采集的信号将加和到中央固体探测单元的几何位置处。如果阵列探测器仍旧采用阵列模式（如线探测模式），所收获的衍射峰将出现因平行光束宽度导致的平台现象。

4.11 高温衍射参数

高温衍射，即在高温恒定条件下实现的衍射测量。测量过程中，所有控制高温环境的参数以及所有可能受到高温影响的参数，都需要重点关注或重新调整。高温衍射需借助高温原位样品台实现，该样品台的介绍在仪器样品台章节已做阐述。

首先，高温衍射测量对样品的材质和制备工艺有一定要求。为保障粉末样品或块状样品中的温度均匀性，粉末不宜过多以及块状样品需要尽量薄（制成薄片状）。此外，样品装填之前需要利用相关实验验证样品不与样品台材料在高温下起化学反应，如样品架使用氧化铝材质时，样品不能为强酸或强碱类物质，当样品架为铂金片时，样品不能为Ge类半导体材质。

其次，高温衍射测量需要认识并调整升温控制、冷却控制、测量基准面控制、热胀冷缩效应控制、保温控制、真空度控制（或气氛控制）、测量程序控制等相关参数。

高温控制：由热电偶、高温炉壁内的加热电阻丝（或通电金属板）、外置温度控制柜等组成；目前性能优良的衍射仪用高温炉控温精度≤1℃，升温速率可达每分钟 60℃或以上。

冷却控制：由于衍射仪中的各类 X 射线装置、光学模块等无法在高温下工作，所以高温环境只能发生在有限空间内（如炉腔内），为避免高温从炉腔中泄漏，炉体外壁上需要增加冷却循环水路，使用水冷的方式将炉子外壁的热量迅速带走；在高温衍射实验完成后，也需要利用水冷的方式对炉腔进行快速降温处理，水冷降温一般能在控制时间内将温度迅速降低到 200℃左右，但继续降温时，降温速率将变得缓慢，若需要紧急更换样品，可以在炉腔温度低于 200℃时打开炉腔，用空冷的方式给样品架继续快速降温，但在取出样品的过程中要注意避免烫伤。一般情况下，高温台的冷却水路与衍射仪射线管的冷却水路使用三通转接头合并成一个外置冷却水路。

气氛控制：为避免高温下材料与空气发生氧化反应，需要增加真空系统，为还原材料的服役条件，还需向炉体内通入相应气氛（如还原气体、腐蚀气氛等）；为了保持炉体内的气氛稳定，需要将炉体在 X 射线光路上的位置使用 Capton 膜（或铝膜、碳膜）封闭起来，封闭膜能较好地保证封闭效果并尽量减弱 X 射线在穿入穿出时的衰减效应。

测量基准面控制：高温炉安装在可上下调整的 Z 轴台上，一般情况下随炉资料里会提示 Z 轴初始高度（即测量基准高度），如无提示，可以使用样品台不同高度对入射光遮挡的方法确认样品台最佳高度（选择完全不遮挡与完全遮挡时 X 射线信号强度的一半高度），即可保证填装的样品表面位于 X 射线辐照范围内。此外，随着温度的升高，将样品置于炉腔中央位置的顶杆会存在热胀冷缩效应，此时需要在 Z 轴方向（高度方向）输入自动补给的数学模型，将顶杆热胀冷缩效应抵消，否则样品表面将偏离测量基准面，导致测量结果不准确。

测量程序设定：在高温衍射测量之前，需要提前在测量程序中设定升温速率、保温时间、测量时间、冷却速率等参数，这些参数与样品物相的变化息息相关。升温速率决定了加热效率和时间，但为防止热冲击带来不良影响，一般选择越接近目标温度升温速率越慢；保温时间决定了相变时间，保温时间不足时相变未完成或正处于相变过程中，此时不宜开展衍射测量，但若保温时间过长，则会影响测量效率，甚至可能引起材料过热等不良现象；衍射时间方面，为避免测量时间对保温时间的影响，理论上测量时间越短越好，但为保证测量质量，在考虑衍射仪实际性能的情况下，衍射测量过程需要对最佳测量时间进行评估，需要指出的是，测量过程中样品依旧在该温度下做保温处理，所以测量时间需提前用实验验证以便确定最佳值。

高温原位测量时的工艺路线示例如图 4.6 所示，图中斜率为升温或降温速率，平台分为保温时间和测量时间两部分。

为避免实验效率过低或成本过高，高温衍射测量之前应根据以上参数设置计算出总测量时间，并对实验成本开展评估。

除了以上参数外，高温衍射测量实验还可以设置循环次数，以便于重复多次地研究高温条件下材料的相变过程。

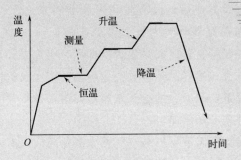

图 4.6 高温原位测量条件下温控工艺路线

第 5 章

样品制备技术

样品制备技术，指将待测材料制备成可以在 X 射线衍射仪上开展正常测量的样品的技术。 样品制备的好坏，直接影响测量质量和测量结果的准确性，是 X 射线衍射测量的关键之一。 对无机材料而言，常用的铜靶 K。射线只能穿透材料表面几微米或几十微米的深度，因此适用于衍射测量的样品制备技术，确切地讲，是指位于测量基准面上的样品表面制备技术。

在衍射测量过程中，样品制备并非标准化的操作过程，而是根据材料形态、材质组成、理化性质、测量内容等不同信息而采取的不同工艺。 总体而言，样品制备是为了获取在衍射测量过程中空间位置不动、理化性质不变、不引入杂散峰且满足分析要求的测量平面的过程。

5.1 样品制备影响因素

5.2 样品制备方法

5.3 粉末样品的粒度控制

5.4 自制标样

5.5 实例分析

5.1 样品制备影响因素

衍射仪测量的样品首选粉末，这是因为细小的粉末能更好地满足晶粒取向分布完全随机的基本条件，能最大程度地将晶体中满足衍射条件的晶面信息揭露出来。但衍射仪并非只适用于粉末样品，对块体样品、丝状样品甚至糊状样品等仍然适用。

以块体材料为例，该类材料一般由众多细小的晶粒（或颗粒，每个颗粒中包含多个晶粒）组成，如金属材料，这些晶粒的空间位向（或取向）不一致，这样的块体（或晶粒聚集体）在 X 射线宏观尺度的辐照范围内可视为晶粒取向随机分布，从而在衍射仪上可以获得类似粉末样品的衍射结果。与粉末样品不同的是，块体样品测量得到的衍射峰的强度分布与 PDF 标准卡片存在较大差别，这是因为块体样品中的晶粒取向无法做到"完全"随机，总是存在晶粒取向部分一致的情况。

实际测量时，由于 X 射线辐照范围的有限性，以及辐照范围内晶粒数量的有限性，即便样品是细致均匀的粉末，也同样无法做到晶粒取向"完全"随机，样品中晶粒取向部分一致的情况无法避免，从而测量所得的衍射峰的强度分布与 PDF 标准卡片总是或多或少存在差异。此外，实际样品的制备过程很容易引起粉末颗粒朝着特定方向滑动和转动，从而使晶粒取向部分一致的情况更严重。

晶粒取向部分一致的情况，被称为择优取向。当样品为薄膜材料、轧制金属或单晶体时，加工工艺导致样品中的晶粒取向可能大部分一致，这种取向分布可以称之为高度择优取向。当样品中存在高度择优取向时，衍射仪上依然可以获得部分衍射结果，但这样的衍射结果常常会缺失很多信息，或者因高度择优取向导致衍射峰分布异常，从而给物相分析带来困难。

因此，样品的择优取向根据来源可以分为材料内在的择优取向、样品制备引入的择优取向两类。材料内在的择优取向可以反映织构的存在、性能的变化等内容，但样品制备引入的择优取向，会严重影响材料内在择优取向的分析，并给其他分析带来困难，因此应尽力避免或减弱。

样品表面的平整度（或粗糙程度）：样品表面越粗糙，表面凹凸不平现象越严重，对 X 射线的散射越严重，衍射结果的峰背比和信噪比越小；反之样品表面越光滑，对 X 射线的散射越小，背景越小越稳定，衍射信号也越强。宏观层面的粗糙程度可进一步由颗粒松散程度进行说明，颗粒分布越松散，在具备一定穿透能力的 X 射线条件下，所呈现的凹凸不平现象越严重，从而 X 射线的散射越严重，反之颗粒分布越紧致，X 射线的散射现象越轻。

除了样品高度、平整度、择优取向等因素外，样品制备时还需要关注样品测量表面的大小以及有无引入杂散信号的可能性。

以螺形灯丝产生的线光源为例，线光源从射线管出射并经一系列选光滤光装置后达到样品表面，此时射线辐照范围约 2mm×15mm，假设样品测量面尺寸为 1mm×1mm，样品测量面远小于射线辐照面积，大量 X 射线将辐照到样品测量面之外的区域，一般情况下要求该区域内与测量基准面齐平的方向不能有任何可能产生衍射信号的其他物质，否则衍射结果中将存在其他物质的衍射信号。此外，当测量过程使用阵列探测器时，考虑到阵列探测器线探测原理，不仅要求辐照范围内与测量基准面齐平的方向不能存在可能产生衍射信号的其他物质，甚至在垂直于测量基准面方向的一定高度内（如±2mm）也不能含有任何可能产生衍射信号的物质，否则这些其他物质造成的衍射信号同样会被纳入测量结果中去。

5.2 样品制备方法

无论样品是粉末、块体、还是片状、丝状，制样时都是为了获得一个能满足"几何位置平整、不引入择优取向、表面未受污染"的平面（与基准面平齐），以满足正常测量所需。

图 5.1 为粉末样品的"压样法"制样结果。

压样法是最常见的制样方式。简单来讲，压样法就是将粉末样品填满样品架上的凹槽，然后使用载玻片压紧压实，刮掉高出基准面的粉末，最终获得一个手工压制成型的材料平面。

压样法简单方便，但存在一些不足，例如压样时载玻片与粉末样品直接接触，当载玻片

图 5.1 粉末样品的制样结果

压紧压实时，载玻片下的空气同时被挤压出去，当将载玻片提起时，由于空气压力或粉末对载玻片表面的黏附作用，常导致压好的粉末表面迅速遭到破坏，因此实际操作时，为了避免这一情况发生，压样完成后载玻片常常缓慢平移出去（抹擦出去），而非直接拿开，平移的过程会引起样品表面的粉末颗粒同向翻滚并再次排列，形成不可避免的择优取向，最终影响衍射峰强度。

为了减弱制样过程引入的择优取向，背装法、侧装法等压样方法被创造了出来。

背装法（或称背压法）：样品架做成通孔，正面（测量面）放置载玻片，样

品从后面填入，再用载玻片从后面压紧压实，测量时将正面载玻片移开即可，如图 5.2 所示。这样的方法基本保障了粉末样品的测量面不被破坏（因样品从背后压制，样品正面与载玻片间黏附并不紧密，将载玻片直接拿开即可），且避免了因抹擦因素造成择优取向等问题，但该方法操作比压样法复杂，而且对样品量、样品颗粒黏附程度等都有要求。

图 5.2 背装法制样

侧装法：将样品架制成一侧开口形式，样品架正面同样放置一块载玻片，粉末从侧面填入凹槽，并从侧面压紧，测量时将正面载玻片移开即可。

除了操作简便的压样法外，为了获得更好的测量结果，还开发了溶液弥散法、样品旋转法等方法。

溶液弥散法：使用易挥发液体（如酒精、丙酮），将样品分散在液体中制成悬浊液，然后将此悬浊液滴入或填入样品架中的凹槽中，待液体挥发后样品将保持填入时的状态，如此可较大程度地增加样品中的晶粒取向随机性，减轻择优取向，这种方法一般适用于呈特定形状的样品，如短纤维。

为了削弱制样过程引入的择优取向，除了改变样品的制备方法外，还对测量过程中的样品状态进行了调整，例如使样品在测量过程中保持快速平稳的旋转。样品的旋转能增加参与衍射的晶面数量，并削弱因辐照范围内晶粒数量的有限性而无法避免的择优取向现象，对提高测量质量和精准度有利。但快速旋转过程中，机械运动导致样品表面无法做到完全平稳，甚至样品在旋转时表面可能存在一定幅度的上下振动，振动过程对测量一般不造成影响，但可能会引起样品表面的破坏，并因破坏造成粉末飞溅或表面凹凸不平，这种情况一旦发生，必须立刻停止测量并重新制样，必要时避免使用旋转法。

5.3 粉末样品的粒度控制

粉末粒度的大小直接影响参与衍射的晶粒取向、样品表面平整程度等因素，进而影响衍射峰的几何位置准确度、衍射峰强度分布、峰背比和信噪比。

粉末是由一个个小颗粒组成的，每个颗粒中都包含几个、几十个甚至更多个晶粒，因此每个晶粒的取向都由晶粒所在的小颗粒在空间中的位向决定。颗粒尺寸越大，在射线辐照范围内的颗粒数越少，颗粒的位向越难以达到随机分布，从而颗粒中的晶粒取向也无法达到随机分布，导致样品中存在较多择优取向，最终衍射峰的强度分布越偏离 PDF 标准卡片值；反之，颗粒尺寸越小，辐照范围内的颗粒数越多，颗粒的位向和颗粒中晶粒的取向都越发接近"完全随机"，从而衍射峰的强度分布越接近于 PDF 标准卡片值；但若颗粒尺寸过小，例如达到纳米级尺寸，倒易几何导致比颗粒尺寸更小的晶粒会产生宽化的倒易点，从而造成衍射峰由"高、尖"形状变成"矮、胖"形状，不利于物相分析。

颗粒尺寸过大，还可能引起衍射面与测量基准面之间的高度偏差，导致衍射峰由"尖顶状"向"多尖顶状或平台状"畸变，这样的现象常被称为"起麻"现象。

为了控制粒度的大小，常选择研磨工艺处理，如使用玛瑙研钵对样品进行手工研磨。玛瑙材质耐磨性好，表面不易破坏和脱落，且易加工、成本适中，适用于大量无机物颗粒的研磨。研磨的目的是获得颗粒细小、尺寸分布均匀且成分也均匀的粉末样品，因此研磨过程中不能对硬质颗粒进行挑选，而应想办法将硬质颗粒破坏成粉末状继续参与研磨过程，如先将硬质颗粒挑出，将其砸碎或压碎后，再次添加到原样品中参与研磨过程，此外研磨应尽量打乱方向，避免同一方向研磨导致"搓条"现象发生（易引起择优取向）。

实际制样时，粉末颗粒常常研磨至手捻无明显颗粒感、观之如面粉状时为良好，此时粉末粒度约在 $30\sim70\mu m$ 之间（200 目以上），在这种状态下开展衍射测量，一般会收获峰形良好、衍射峰强度分布与 PDF 标准卡片值近似的优质图谱。

对粉末进行适当研磨处理，除了使颗粒位向分布或晶粒取向分布尽可能达到"完全随机"外，还可以减弱因晶粒形状导致的衍射峰强度异常分布现象。

粉末是由大量晶粒组成的，晶粒通过化学、冶金等工艺生成时，需满足形核长大的条件，并受到导热方向、成分分布等因素的影响，因此晶粒最终的形状不一定是球状，而往往是带有一定特征的形状，如合金凝固后形成的树枝状晶。这样的形状特征会引起材料性能在各个方向的不均匀性，被称为各向异性。当晶粒存在一定形状特征时（非球形），产生衍射的晶面的多重性将受到形状特征的严重影响，从而衍射峰的强度分布偏离 PDF 标准卡片值，这一现象与择优取向类似。在粉末开展研磨处理时，研磨过程会将带有一定特征的晶粒形状（或颗粒形状）再次处理，形成形状特征弱化的多面体晶粒，进而增加晶粒取向的随机性，有利于衍射分析。

因此从微观层面，研磨过程要尽可能做到使粉末颗粒尺寸尽可能接近晶粒尺寸，只有接近时才有可能使大量晶粒的形状再次"圆整化"，达到研磨的目的。但对某些硬度较高且结晶性较好的材料，由于生成的晶粒尺寸很小（如几个微米），通过玛瑙研钵很难将粉末研磨到"颗粒尺寸接近晶粒尺寸"的程度，从而晶粒依旧大量保留形核长大后带有一定特征的形状，最终衍射图中总是存在某个或某几个衍射峰强度偏离 PDF 标准卡片值的情况。

5.4 自制标样

测量所获得的衍射峰，其几何位置、半高宽、峰强度、对称性等参数出现任何变化，都预示着材料内部结构发生了一定变化。所以如何开展精准的衍射测量，始终是衍射技术高度重视的事情。精准测量的条件，除了样品制备有高精度要求外，还需要借助标准样品对衍射仪进行校准或偏差确认。

标准样品是经过各类仪器检测确认其准确值，并具备成分均匀、稳定性较高、取用方便等特征的标准材料。在衍射行业中，目前能生产这样的标准样品并带有取值证书的机构最为知名的是美国国家标准与技术研究院（National Institute of Standards and Technology，NIST），但从 NIST 直接采购标准样品不仅流程烦琐，成本也较高，因此除了资质体系要求必须采购有证书的标准样品外，在科学研究中为了方便使用，常常需要自制标样。

自制标样时，必须考虑样品中哪些因素会影响衍射信息，调控这些因素以达到测量结果与 PDF 标准卡片值在衍射峰几何位置、强度分布等方面都非常相近的程度，并且尽量保障背景强度低且趋势平直、半高宽小且峰形对称，这样的样品可以用来作为科学研究等方面的标准样品，用于校准仪器、校准峰形、检查仪器偏差等工作。

自制的标准样品需要满足以下基本条件：

（1）在不引起衍射峰展宽的情况下，粉末粒度越小越好，且粒度分布越均匀越好，例如将粉末粒度控制在 $5\sim10\mu m$ 范围。粉末粒度越小、颗粒尺寸分布越均匀，样品越能满足衍射测量对"晶粒取向完全随机"的基本要求，测量质量越高；但若粉末粒度过小，导致颗粒内的晶粒尺寸达到纳米级，则衍射峰宽度会因为纳米晶粒的衍射点变宽而增加，不利于结果分析；通常情况下，粉末粒度控制在 $5\sim10\mu m$ 时，颗粒中的晶粒尺寸尚不至于引起衍射峰宽度明显增加，因此可以将粉末粒度控制在这一范围。

（2）颗粒形状尽可能接近"球状"。为避免在样品填装过程中出现颗粒与颗粒之间的较大障碍，或者为尽可能收获空间位向分布更加随机的颗粒状态，颗粒的最佳形状为球状，颗粒位向随机分布会使得颗粒内的晶粒取向也尽可能做到"随机"分布，有利于减弱择优取向对测量结果的影响；此外当确保粉末粒度足够细小时，颗粒形状能处理成近球状，会同时对颗粒中的晶粒形状进行一定"圆整化"处理，避免晶粒形状特征对衍射峰强度分布的影响。

（3）在低温退火温度保温必要时间。粉末中的每个颗粒都可视为体积很小的块体，块体中的晶粒内部和晶粒之间常因制备工艺、温度、相变等原因残留一定作用力（残余应力），残余应力的存在会导致晶面间距发生变化，继而影响衍射峰的几何位置。此外，形核长大生成的晶粒也常伴随空位、位错、层错、偏析等缺陷，这些缺陷都会以影响几何位置、衍射强度、衍射峰宽度等形式体现在最终结果中。为了避免这些因素的影响，可以采取在较低温度保温的方式进行处理，即低温退火。不同材料，低温退火的温度和时间有所不同，扩散能力强的元素组成的材料，退火温度可以低些，退火时间短些，但对于重原子组成的扩散能力不够强的元素，退火温度需要适当调高，退火时间也需要更长。

（4）纯度高、固溶少、结晶好。纯度高指粉末材料中独立存在的杂质物相含量要足够低，这样得到的衍射图基本没有杂质衍射峰，衍射图看起来"干净"；固溶少指在粉末物相中基本不存在固溶或掺杂等因素，异类原子固溶或掺杂在物相晶体中，会引起晶体的晶格畸变，并带来空位、位错等晶体缺陷，最终影响衍射峰的几何位置、衍射强度和峰宽度；结晶好指粉末物相中原子排列规律性强，不存在或存在很少的结晶缺陷，这样的粉末产生的衍射信息背景线平直且噪声波动小，衍射峰更为对称，衍射峰半高宽也更小。

（5）衍射峰分布范围广，能覆盖待测物相衍射峰。首先自制标准样品的衍射峰，尤其是强衍射峰不能集簇在一起、难以分辨，例如含 Na 的 A 型分子筛，强度较大的衍射峰 2θ 基本分布在 $5°\sim40°$ 范围内（铜靶 K_α 射线条件下），且近 20 条衍射峰相互挨近，这样的材料不宜作为标准样品；其次，自制标准样品的衍射峰要与所校准的内容和范围相适应，例如衍射仪常配备的 Si 粉自校准样块，在实验室常使用的铜靶 K_α 射线条件下 Si 物相的衍射峰都在 $25°$ 以上（2θ），虽然 Si 粉衍射峰 2θ 分布范围广，但却无法对 2θ 在 $10°$ 附近的衍射峰进行校准，此时必须选择在 $10°$ 附近或更小 2θ 角度存在衍射峰的物质作为标准样品，例如可以选择云母作为标样，云母的第一个衍射峰在 $5°$ 附近，其他衍射峰的分布范围涵盖了 $10°$。

（6）标准样品衍射峰与待测物相所使用的衍射峰不重叠。当两者重叠时，衍射峰强度、宽度和几何位置会相互干扰，即便使用软件对重叠峰进行分峰拟合处理，也会因软件处理和人为干预引起一定偏差，最终导致重叠位置处的标样衍射峰无法作为标准参考，因此选择标样时，尽量保证标样与待测物相的衍射峰不重合。

（7）化学性质稳定，不易潮解，不易受污染，对环境温度、湿度不敏感。有的样品不能暴露在空气中，否则可能与空气发生化学反应，以镁材料为例，镁是一种轻质金属，但镁暴露在空气中时，常与空气中的水分子、二氧化碳、氧气等发生化学反应，造成样品表面腐蚀和污染，因此镁不能作为标准样品使用；其次作为标样的样品，不能对温度尤其是室温的变化过于敏感，例如 X 射线辐照时会引起样品表面温度一定程度的升高，这样的升温效应对大多数无机物或金属材料可以忽略不计，但对于相变温度敏感的材料而言（如有机物），这样的升温效应可能导致样品表面发生相变反应，因此这样的材料无法作为标准样品使用；再者作为标样的样品不能对环境湿度过于敏感，以 NaCl 为例，NaCl 是常见的无机盐，衍射峰尖锐且强度足够大，但 NaCl 容易受潮，不方便保存和取用，此外 NaCl 在受潮后重结晶过程中很容易生长出特殊形貌的晶体（各向异性生长或非球状晶生长），导致衍射结果中往往存在衍射强度分布偏离原始粉末样品时的异常情况，所以 NaCl 不适合作为标准样品。

目前，最常使用的标准样品有 Si（一般仪器厂家会提供）、SiO_2（石英）、Al_2O_3（刚玉）、云母等。

5.5　实例分析

实例（一）：粉末粒度对衍射峰信息的影响。

取 Zn_3As_2 颗粒在玛瑙研钵中研磨（Zn_3As_2 脆性较大，容易研磨成比较均匀的粉末），通过控制研磨时间，获得六种不同粉末粒度的样品，如图 5.3 所示。

Zn_3As_2 粉末粒度统计如表 5.1 所示。

表 5.1　六种样品的平均粒度

分类	a	b	c	d	e	f
颗粒尺寸/μm	1311.44	861.19	316.41	21.11 （10～60）	6.90 （1～30）	0.69 （0.31～1.73）

六种样品在 X 射线衍射仪上开展测量。测量指标为：Malvern-Panalytical 公司生产的 X′pert 3 powder 型粉末衍射仪，Cu 靶 K_α 射线，Pixcel 1D 阵列探测器（256 channels，Scanning line detector 模式），BBHD 单色器模块滤光，40kV，40mA，步长为 0.02626°，每步停留 127s，2θ 测量范围 10°～90°，总测量时间约 30min。测量结果如图 5.4 所示。

图 5.3 Zn₃As₂ 不同粉末粒度时的 SEM 形貌

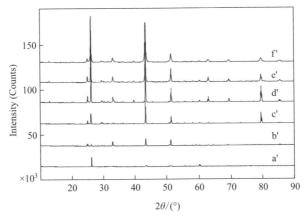

图 5.4 不同样品的 XRD 测量结果
（粉末 a 对应 a′，粉末 b 对应 b′，粉末 f 对应 f′）

以 e′ 中 8 个最强衍射峰为参照（8 强峰），统计 a′、b′、c′、d′、e′、f′六个 XRD 结果中的衍射峰 2θ 位置、高度、宽度（半高宽或 FWHM）三个参数信息。为更好地表达粉末粒度对衍射峰信息的影响，以 e′衍射峰信息为基准，其他图谱中的衍射峰信息相对 e′的偏差如图 5.5 所示。

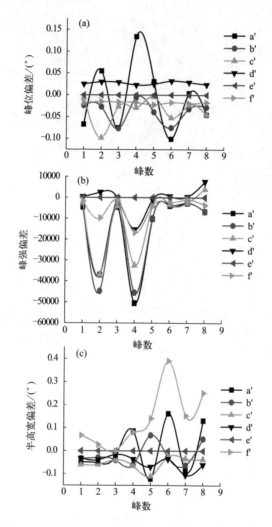

图 5.5 衍射峰 2θ 位置、高度、半高宽随样品粒度的变化趋势

由图可知，随着粉末粒度的减小，衍射峰 2θ 位置偏差由剧烈起伏向平缓趋势发展，当粉末粒度为 1311.44μm 时，衍射峰 2θ 位置偏差最大接近 0.15°，当粉末粒度减小到 21.11μm（10～60μm 范围）及以下时，2θ 位置偏差基本趋于稳定，均控制在±0.05°范围内。

随着样品粉末粒度的减小，2 号、4 号衍射峰处高度偏差显著减小，其他衍射峰高度偏差不明显，但当粒度减小到 0.69nm 时，衍射峰高度偏差又开始增加；此外原本强度较高的衍射峰，粒度变化对其强度的影响也大，原本强度不高的衍射峰，粒度变化的影响不明显。

样品粉末粒度变化对衍射峰半高宽（FWHM）的影响主要发生在高测量角度范围内（4～8 号衍射峰），低测量角度范围内影响不明显（1～3 号衍射峰）。在高测量角度范围内，随着样品粒度的减小，衍射峰半高宽偏差由剧烈起伏向平缓趋势发展，当粉末粒度减小到 0.69nm 时，半高宽偏差再次急剧增加。

粉末粒度的剧烈变化对样品制备时的表面粗糙度影响显著。粒度越大，测量时的表面粗糙度越大，X 射线辐照范围内的凹凸不平现象越严重，凹凸位置处呈不规则表面的复杂侧壁以及凹坑底部，都会造成参与衍射现象的晶面位置偏离测量基准面；此外表面粗糙度过大时，基准面上参与衍射的晶面数量甚至远小于凹凸侧壁位置处的衍射晶面数量，这些原因不仅造成衍射线在进入探测器前难以较好地"汇聚"（呈明显发散），还会导致汇聚截面处光子密度最大位置偏离截面中心点，最终引起衍射峰几何位置（峰顶位置 2θ）的偏移，以及衍射峰半高宽的不稳定。

在广角测量时（θ 轴与 2θ 轴联动），测量基准面上参与衍射的随机位向分布的晶面数量，是影响衍射峰高度的重要因素。粉末粒度较大时，X 射线辐照范围内大量晶面的位向分布受限于颗粒的空间位置，导致晶面位向难以随机分布，测量过程中引起衍射峰强度的不稳定，同时粉末粒度较大时测量基准面上参与衍射的晶面数量远小于粉末粒度较小时的情况，这是导致粉末粒度较大时衍射峰普遍不高的主要原因。随着研磨的深入，粉末粒度减小，测量基准面上随机位向分布的晶粒数量大幅增加，参与衍射现象的晶面数量也大量增加，最终引起衍射峰高度普遍增加，同时衍射峰强度分布稳定性得到改善。

持续研磨粉末粒度继续减小，直至平均粒度达到 0.69nm 时，衍射峰高度并未随着粒度的减小继续增加，而是反向减小，同时中高测量角度的衍射峰半高宽显著增加。这一现象可以由倒易空间理论进行分析。当粉末粒度过小时（如<1μm），倒易空间中倒易点变大变厚，零维测量时的衍射斑尺寸增加；另一方面，根据 X 射线散射守恒原理，对一个给定原子集合体，不论其凝聚态如何，当受到相同强度的 X 射线辐照时，其相关散射在全倒易空间里总值保持守恒，从而当倒易点变大变厚时，其强度势必降低。

实例（二）：块体样品与粉末样品的不同。

取一定尺寸的纯铜材质薄片，将薄片手工裁剪成尺寸逐渐减小的形状，共获得四种不同状态的铜材样品，如图 5.6 所示。

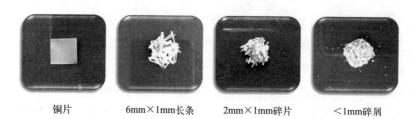

铜片　　　6mm×1mm长条　　2mm×1mm碎片　　　<1mm碎屑

图 5.6 不同尺寸状态的纯铜样品

如图 5.6 所示，除铜片外，长条、碎片、碎屑均随机堆放，制样时也尽量保持随机的状况，测量条件同实例（一）一致，所得结果如图 5.7 所示。

以碎屑状铜材样品的"5 强峰"位置为参考（图 5.8），计算不同样品状态时

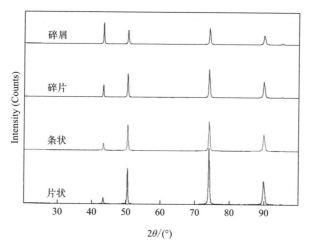

图 5.7 不同状态的纯铜样品 XRD 测量结果
（1、2、3、4 分别对应铜片、长条、碎片、碎屑）

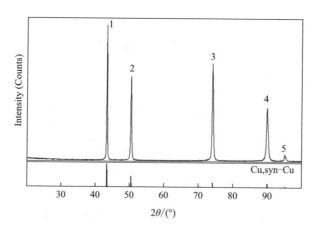

图 5.8 碎屑状样品的"5 强峰"

相同位置衍射峰的相对高度，观察衍射峰高度的变化趋势，如图 5.9 所示。此处的衍射峰相对高度为：各衍射峰的高度相对各自衍射图中最高衍射峰高度的比例，以百分数表示，最高衍射峰高度为 100%。

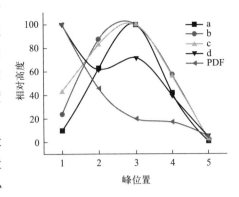

图 5.9 衍射峰相对高度随样品状态的变化趋势
（a 为薄片，b 为长条，c 为碎片，
d 为碎屑，PDF 为标准卡片）

由图 5.9 可知，样品状态由薄片状到碎片状，并未改变衍射峰在第 3 位置处的强度择优现象，但当样品状态减小至碎屑状态时，所得衍射峰相对高度分布与 PDF 标准卡片逐渐趋于一致。

在实例（一）条件下，X 射线管出射的 X 射线呈线状焦斑，实验确认该焦斑在样品表面的尺寸约为 $2mm \times 15mm$，因此 X 射线辐照面积内的晶粒数量是有限的。当样品状态为薄片、长条、碎片时，有限数量的晶粒在样品表面的分布取向严重受制于样品状态，无法达到"晶粒取向分布完全随机"的基本条件，制备好的样品中晶粒分布存在显著择优取向，导致不同晶面的衍射峰强度分布严重偏离 PDF 标准卡片；但当样品状态为 <1mm 的碎屑时，在 X 射线辐照范围内碎屑的取向分布"随机性"增加，从而碎屑中的晶粒取向"随机性"也增加，最终导致收获的衍射峰相对强度分布与 PDF 标准卡片强度分布相似。

实例（三）：样品表面偏离测量基准面。

XRD 测量要求所制备的样品表面与测量基准面齐平，一旦不齐平将直接影响最终的测量结果。为验证这一现象，特制备样品表面比测量基准面低、高，以及二者齐平的情况（图 5.10），观察衍射峰变化，如图 5.11 所示。

齐平   凸出   凹进

图 5.10 表面偏离测量基准面时的样品

由图可知，样品表面低于测量基准面时，所得衍射峰 2θ 位置都低于齐平时的 2θ 位置，当样品表面高于测量基准面时，所得衍射峰 2θ 位置都高于齐平时的 2θ 位置。

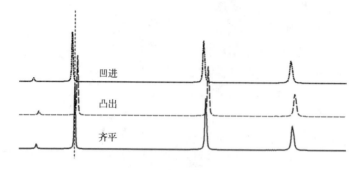

图 5.11 样品表面偏离基准面时的衍射图

样品表面的凸出和凹进，对衍射峰位置的影响几何原理如图 5.12 所示。

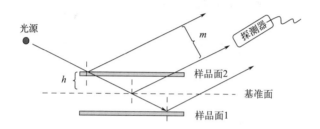

图 5.12 样品面凸出和凹进对衍射方向的影响

其中 h 为样品表面比基准面高出的距离，m 为因样品表面凸出导致的衍射光束的偏离距离，推导可得：

$$m = 2h\cos\theta \tag{5.1}$$

由式(5.1) 可知，当样品表面凹进或凸出时（$h \neq 0$），产生衍射现象的中心点将偏离样品表面的中心点，衍射角度虽然不变，但却因凹进或凸出导致衍射光束位置发生了平移（平移距离为 m），最终使得探测器接收到的衍射信息表现为在 2θ 位置上发生了偏移。

需要指出的是，虽然样品表面偏离测量基准面对衍射峰位置影响显著，但对强度影响不大，这是因为测量所用的探测器是拥有 256 个通道（256 channels，沿着衍射圆周分布）的一维阵列探测器。阵列探测器条件下（Scanning line detector 模式），探测单元在衍射仪圆周方向横跨距离 > 3°，样品表面一定程度的凹进或凸出引起的衍射光束位置偏移一般都控制在较小的范围内，如引起 2θ 位置偏移最大不超过 1°，因此位置虽然偏移了，但偏移的光束依然被一维阵列探测器全部接收，所以衍射峰强度基本无变化，但若将阵列探测器更换成零维的闪烁计数器或正比计数器，将会发现由于样品表面与测量基准面不齐平，衍射峰强度显著降低，尤其因凸出凹进引起 2θ 位置偏移较大时更为明显，这是因为当凸出或凹进时零维探测器只能接收原衍射信号强度的一部分。

实例（四）：样品架或样品垫材质的影响。

实际测量过程中，常会遇到粉末量不多的情况，这种情况下要在样品架上收获与基准面齐平的样品表面不容易，一般需要使用橡胶泥或其他材料将样品垫高，当样品量极少时，还可以选择无背景硅片作样品架或垫材。

当使用样品垫作样品支撑时，如果材料选择不当，将会在 XRD 测量结果中包含大量垫材信息，对样品测量结果造成很大干扰。为分析不同垫材的影响，特选择四种样品垫材进行 XRD 测量，获得结果如图 5.13 所示。

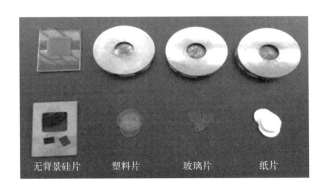

图 5.13　常用样品架与常用垫片材质

图中平板玻璃样品架是最普通的样品架，凹槽内制作成毛玻璃状，毛玻璃的粗糙表面可以使粉末样品取向分布更随机，金属样品盒是自动进样器上常用的样品架，其深度约数毫米，直径约 10～15mm，常用垫片有："无背景"硅片，透明塑料圆片，普通薄玻璃片，白色纸片。

一般情况下，"无背景"硅片指单晶硅片或者表面晶粒取向高度择优分布的多晶硅片，这样的硅片在制作时可以将择优取向的晶面衍射峰几何位置预置在常规 2θ 测量范围之外。如果衍射峰 2θ 位置＞120°，在普通测量范围时（2θ 测量范围控制在 120°以内）将无法测量到硅片的衍射峰；此外，这样的硅片表面经抛光处理之后，其测量背景非常低（接近于 0），从而所有测量到的衍射信号（连同背景在内）都可以认为是样品本身产生的，因此这样的硅片被称为"无背景"硅片。

"无背景"硅片是衍射仪上常配备的微量样品垫片材料，此外实验室中容易获得的垫片材料还有塑料、玻璃、纸片等，不同材料的垫片经 XRD 测量后的结果如图 5.14 所示。

由图可知，"无背景"硅片的衍射结果在背景放大后，除了 2θ 约 70°时的主强峰之外，依然能观察到很多尖细的弱衍射峰，说明硅片并非单晶材料，而是表

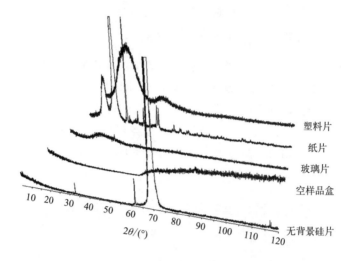

图 5.14　不同材质垫片 XRD 测量结果

面晶粒取向高度择优分布的多晶硅片，这样的硅片用于微量样品测量时，会将这些"尖细"的弱衍射峰一并代入到测量结果中去，因此数据分析时需要事先辨识出这些"尖细"的背景衍射峰，不能将这些背景峰作为有效信号加入分析。

空样品盒是不锈钢材质，由图可以看出，在测量范围内（5°＜2θ＜120°）并未观察到明显的衍射峰，说明不锈钢材料在制备样品盒时已将样品盒表面预制成了晶粒取向高度择优分布并且衍射峰 2θ 位置控制在 120°之外的情况（如果样品盒金属是多元合金构成的类似高熵合金的铁材料，在铜靶 Kα 射线辐照条件下，也可能形成非常弱的衍射峰）。在铜靶 Kα 射线辐照条件下，高铁材料会产生强烈荧光现象，使得测量结果的背景有所升高，在测量角度 2θ 很低时，X 射线辐照范围超过样品盒凹槽面积，测量基准面上的荧光信息对测量背景有所增加，随着 2θ 的逐渐增加，X 射线辐照面积逐渐缩小直至小于凹槽表面积，凹槽内部产生的荧光射线被凹槽边缘遮挡，从而探测器几乎接收不到荧光射线，衍射结果的强度几乎为 0，但当 2θ 增加到一定程度时，射线管与探测器均抬高到较高程度，凹槽边缘对荧光射线基本无遮挡，最终引起测量背景的较大幅度增加（如图 5.14 中 2θ＞60°所示）。

当垫片材质选择玻璃片时，日常容易获得的玻璃片一般都是硅酸盐类无机材料，由图 5.14 可知，这样的玻璃片在 XRD 条件下没有显著衍射峰存在，但在低 2θ 区域存在强度较弱的非晶散射峰，而且其整体背景值比"无背景"硅片要高。因此当样品量不多但也不是极少时，可以使用玻璃作为垫片材质，毕竟当样品能完整地铺满玻璃垫片表面时，将能有效遮掩玻璃垫片的信息，从而在 XRD 结果中几乎没有玻璃背景的信息。

白色硬纸片，在 XRD 条件下存在很多尖锐的衍射峰，因此硬纸片不能作为 XRD 条件下的垫片材质。

透明塑料垫片，在 XRD 条件下不存在显著的尖锐衍射峰，但却存在两个非晶散射峰，尤其第一个非晶散射峰强度很高，一般情况下这样的很强背景的材料不适宜作为 XRD 样品盒的垫片，但结合不锈钢材质的空样品盒的测试结果，透明塑料剪裁成垫片后，只要低于测量基准面，其本身所带有的较强的非晶散射峰背景，也将因低于测量基准面而大幅降低（凹槽边缘遮挡所致），因此当样品量不是非常少时（样品至少能铺满垫片表面），这样的塑料材质垫片依然可以作为 XRD 条件下的样品垫片。此外，这样的垫片容易清洗、不易污染、不易损坏、比玻璃片更容易调整厚度、比无背景硅片更容易获得、成本很低，因此在 XRD 测量过程中是样品垫片的较佳选择。

第**6**章

物相定性分析

　　X射线粉末衍射技术最广泛的应用是物相定性分析。 物相定性分析，一般意义上指使用测量所得衍射信息与已知衍射信息进行比对，根据二者的匹配性差异，对样品组成物相进行鉴定确认的方法，因此也被称为物相鉴定分析。

　　此处的衍射信息，主要指衍射峰对应的晶面系的面间距 d 值和衍射强度 I 值，在入射光波长确定的情况下，d 值与衍射峰几何位置 2θ 相对应，因此 d/I 比对可以视为 $2\theta/I$ 比对。

　　在 20 世纪 80 年代前，物相定性分析的主要依据为纸质的 PDF卡片或卡片集，随着计算机技术的发展，使纸质版卡片转变为电子版数据库，并且使用分析软件使比对过程或卡片检索过程尽可能自动化处理，从而大大提高了比对效率和比对结果的准确性。

　　使用衍射技术开展物相定性分析，是进行物相鉴定最方便、最快捷的方法之一，在处理多晶聚集体样品方面甚至是不可替代的重要手段，被广泛应用在多个学科领域，如冶金能源、材料科学、矿物地质、化工医药等。

6.1 物相定义

6.2 PDF卡片与数据库

6.3 检索软件

6.4 物相定性分析判断依据

6.5 注意事项与常用技巧

6.1 物相定义

在 X 射线衍射技术（XRD）中，物相一般包含三层含义。

（1）化学组成：化学组成不同，物相不同，如 Al_2O_3、Fe_2O_3、$CaSO_4$、$CaSO_4 \cdot 0.5H_2O$；化学计量比不同，物相不同，如 Fe_3O_4、Fe_2O_3、FeO。

（2）点阵类型：点阵类型不同，物相不同，如体心四方晶型的锐钛矿（TiO_2）与简单四方晶型的金红石（TiO_2），又如底心正交晶型的石墨（C）与面心立方晶型的金刚石（C）。

（3）晶胞参数：晶胞参数（或点阵常数）不同，物相不同，如常温状态下的 Al_2O_3 陶瓷在高温时会发生体积热胀效应，其晶胞参数增加，此时常温状态时的 Al_2O_3 与高温状态时的 Al_2O_3 被视为两种物相。

此外，固溶体材料固溶原子种类不同、固溶含量不同、固溶秩序不同（如有序、无序）、固溶方式不同以及固溶体受缺陷影响导致晶胞参数不同等，都被认为是物相发生了改变。这样的改变能直接体现在衍射信息中，从衍射信息的变化分析物相发生的变化，即为物相分析。

综上，物相的定义可以归纳为：具有特定化学组成、特定点阵类型、特定晶胞参数的固体。因此，物相一般指晶体材料，非晶体材料可以视为具有特殊点阵结构的固体，在粉末衍射技术中，被统一称为非晶物相。

由上述归纳可以看出，物相本质上是原子在三维空间的堆垛集合体。化学组成、点阵类型、晶胞参数三方面只是堆垛集合体的特征，只要该集合体特征发生改变，都可以认为是物相发生了改变。

结合物相定义可知，粉末衍射是分析原子堆垛的技术，既与化学元素相关，又不完全受化学元素的影响，因此使用粉末衍射技术分析材料化学元素组成在科学逻辑上是不够严谨的。此外，考虑到实际仪器测量无法避免偏差的存在，制备好的样品也不可避免地引入人工偏差，以及实际样品中往往存在择优取向、晶体缺陷等情况，从而在实际测量时不同化学元素可能会构成相似的堆垛特征，这种情况下产生的衍射信息往往具有很大的迷惑性，导致衍射信息难以分辨和确认，此时需要使用其他测量技术先对化学元素组成进行确认，为物相定性分析做好铺垫。

XRD 物相定性分析的作用，可以通过下面实例进行说明。

某种岩石，想判断矿物组成，通过 XRF 或 ICP 等技术检测出矿石样品中含有 Fe、Ca、Si、S 四种元素及其含量，结合矿物常识推断，样品中应该还存在 O、H 元素，以及可能存在 C 元素。

由 Fe、Ca、Si、S、C、O、H 七种元素中的一种、两种、三种、四种甚至更多种任意组合形成的矿物晶体多达数百种，例如 FeO、Fe_2O_3、Fe_3O_4、$Fe(OH)_3$、$Fe_2(SO_4)_3$、FeS、FeS_2、SiO_2、$FeSiO_4$、$CaSiO_4$、$FeSi_2$、CaO、$CaCO_3$、CaS、$CaSiO_3$······岩石样品中这些矿物晶体不可能都存在，主要物相可能只有其中的两三种，但如何从如此多矿物中准确判断出岩石的组成，就成了一个难题。当然，此时可以借助矿物学知识进行辅助鉴定，如矿物产生的矿脉地层、矿物颜色、密度和硬度等，但这种判断方法多依赖知识积累和经验，不够直观。

粉末衍射物相定性分析是解决上述问题的最直接手段。在衍射仪上，只需要简单制样并测量几分钟（仪器性能不同、测量方法和参数不同，测量时间会有所不同），就可以很科学地、无损地、准确地获取岩石中的矿物有几种，每一种都是什么矿物，以及各类矿物的含量和微结构等信息。

如图 6.1 所示，为一未知岩石，从形貌上观察，岩石主要分为黑色区域、黄色区域两类（由图中圆圈标示），对两个不同区域开展"微区衍射"测量，获得如图 6.2 所示衍射数据。

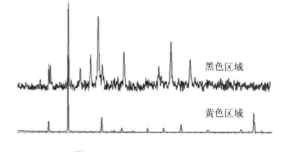

黑色区域

黄色区域

图 6.1 未知岩石　　　　　　　　　图 6.2 岩石不同区域衍射结果

经波长色散型 X 射线荧光光谱技术（WD-XRF）分析，岩石样品中主要含有 Fe、Al、Si 等元素；在此基础上开展粉末衍射物相鉴定分析，确认该岩石样品中主要组成物相为磁铁矿、针铁矿、赤铁矿、石英、少量橄榄石。

6.2 PDF 卡片与数据库

PDF 是 Powder Diffraction File 的简称，即粉末衍射数据文件，见图 6.3。

早在布拉格父子获得诺贝尔物理学奖后的第四个年头，即 1919 年，Hull 就指出衍射谱是晶体独一无二的特征，这为后期制作晶体的 PDF 卡片铺垫了理论基础。在 Debye-Scherrer 测量几何条件下，衍射谱为不同直径、不同亮度和宽

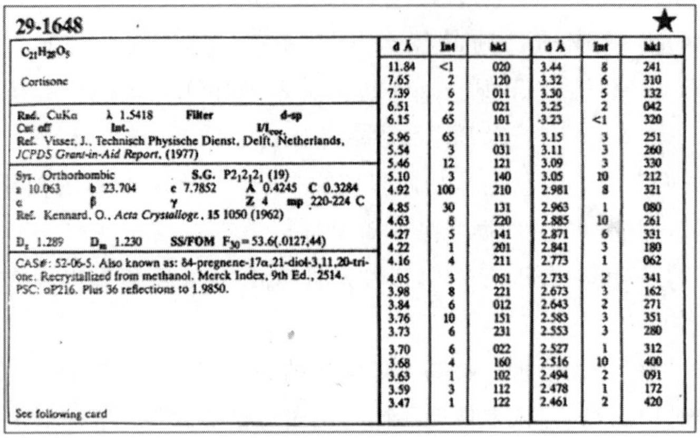

29-1648 ★

C₂₁H₂₈O₅ → $C_{21}H_{28}O_5$

Cortisone

Rad. CuKα λ 1.5418　Filter　d-sp
Cut off　Int.
Ref. Visser, J., Technische Physische Dienst, Delft, Netherlands,
JCPDS Grant-in-Aid Report. (1977)

Sys. Orthorhombic　S.G. $P2_12_12_1$ (19)
a 10.063　b 23.704　c 7.7852　A 0.4245　C 0.3284
α　β　γ　Z 4　mp 220-224 C
Ref. Kennard, O., *Acta Crystallogr.*, 15 1050 (1962)

D_x 1.289　D_m 1.230　SS/FOM $F_{30} = 53.6(.0127,44)$

CAS#: 52-06-5. Also known as: 84-pregnene-17α,21-diol-3,11,20-tri-one. Recrystallized from methanol. Merck Index, 9th Ed., 2514.
PSC: oP216. Plus 36 reflections to 1.9850.

d Å	Int	hkl	d Å	Int	hkl
11.84	<1	020	3.44	8	241
7.65	2	120	3.32	6	310
7.39	6	011	3.30	5	132
6.51	2	021	3.25	2	042
6.15	65	101	-3.23	<1	320
5.96	65	111	3.15	3	251
5.54	3	031	3.11	3	260
5.46	12	121	3.09	3	330
5.10	3	140	3.05	10	212
4.92	100	210	2.981	8	321
4.85	30	131	2.963	1	080
4.63	8	220	2.885	10	261
4.27	6	141	2.871	6	331
4.22	1	201	2.841	3	180
4.16	4	211	2.773	1	062
4.05	3	051	2.733	2	341
3.98	8	221	2.673	3	162
3.84	6	012	2.643	2	271
3.76	10	151	2.583	3	351
3.73	6	231	2.553	3	280
3.70	6	022	2.527	1	312
3.68	4	160	2.516	10	400
3.63	1	102	2.494	2	091
3.59	1	112	2.478	1	172
3.47	1	122	2.461	1	420

See following card

图 6.3　PDF 卡片范例

度的同心圆环，在 Bragg-Brentano 测量几何条件下，衍射谱为非连续的衍射峰。

1938 年，Hanawalt 首次发表了可用于物相定性鉴别的晶体衍射谱数据，共包含 1054 种晶体。在发表晶体数据参考的同时，Hanawalt、Frevel、Rinn 等人还建立了物相检索规范：测量获取晶体的粉末衍射谱，提取衍射谱中的 *d-I* 值（*d* 为晶面间距，*I* 为衍射线相对强度），建立 *d-I* 列表，采用强度最显著的三条线（三强线）与已发表的标准晶体衍射谱进行比对，符合良好的保留，不符合的剔除，最终确认物相。

1941 年，美国材料试验协会（American Society for Testing and Materials，简称 ASTM）出资主持，将 Hanawalt 发表的数据集（新增了数百张卡片）以 3in×5in（76mm×127mm）的卡片形式发行，称为粉末衍射文件，即 PDF 卡片，这一称呼一直沿用至今，在发行第一集（Set 1）PDF 卡片的同时，ASTM 还同步发行了 Hanawalt 等人创立的定性检索规范。

同年，在 ASTM 支持下，粉末衍射化学分析联合委员会成立。之后该委员会继续发行粉末衍射卡片第二集（Set 2，1945 年）、第三集（Set 3，1949 年）……1955 年后基本保持每年出版一集，至 1963 年出版到了第 13 集。为检索方便，此后开始将卡片集分为无机物和有机物两大部分，并对每张卡片均编订了一个独特的 6 位编号 XX-XXXX，前面两位数字是卡片所在集号、后面的四位数字是卡片的序列号。

1969 年，粉末衍射化学分析联合委员会更名为"粉末衍射标准联合委员会"（The Joint Committee on Powder Diffraction Standard，JCPDS），继续发行 PDF 卡片，卡片格式与之前一致。由 JCPDS 出版的 PDF 标准卡片被称为 JCPDS 卡片，一般用法是 JCPDS XX-XXXX。

1978 年，JCPDS 更名为国际衍射数据中心（International Center for Diffraction Data，ICDD），之后出版的标准卡片被称为 ICDD 卡片，卡片引用方式如 ICDD XX-XXXX。

1987 年，随着计算机技术的发展和进步，ICDD 开始尝试使用 CD-ROM 磁盘的形式发行 PDF 卡片，电子数据版的卡片发行，为 PDF 用途的拓展和快捷高效应用奠定了基础，这在 PDF 卡片发展历程中具有里程碑式的意义。

2009 年起，ICDD 开始将 6 位数字的 PDF 卡片号变更为 9 位数字的 PDF 卡片号，即 XX-XXX-XXXX。最前两位数字表示卡片的来源机构，分别为：00-ICDD、01-ICSD（The Inorganic Crystal Structure Database）、02-CSD（The Cambridge Structural Database）、03-NIST（National Institute of Standards and Technology）、04-LPF（Linus Pauling File）、05-ICDD Crystal，中间三位数字保留原有卡片的集号，最后四位数字依旧为卡片所在集中的原序列号。

（1）无机晶体结构数据库（简称 ICSD，德国），该数据库最早可追溯到 1913 年，发行至今已包含超过 20 万例无机晶体结构数据，所有数据都经过专家修订和评估，是国际最权威的结构数据库之一。为方便数据库检索，ICSD 推出了检索软件 Findit。

（2）剑桥结构数据库（简称 CSD，英国），由剑桥晶体数据中心（Cambridge Crystallographic Data Center，CCDS）基于 X 射线衍射和中子衍射发行的晶体结构数据库，主要发行具有 C-H 键的晶体结构数据，包括有机化合物、金属有机化合物等，发行至今已有近百万例晶体结构数据。

（3）国家标准技术研究所（简称 NIST，美国），主要从事物理、生物、工程等学科方面的基础和应用研究，以及测量技术和测试方法的开发研究，为相关学科提供标准样品、标准参考数据等有关服务。随着衍射技术和衍射仪的发展，NIST 在校正衍射仪角度和精度、校正衍射强度、校正指标化信息等方面起到了重要作用；此外 NIST 联合新泽西州立大学、圣地亚哥超级计算机中心创建的蛋白质数据库，是蛋白质结构研究的重要参考。

（4）莱纳斯·鲍林文件（简称 LPF，瑞士），由日本科学技术公司（Japan Science and Technology Corporation，JST）和瑞士材料科学数据平台（Materials Platform for Data Science，MPDS）以及文物工程研究中心（Research of Artifacts Center for Engineering，RACE）于 1996 年共同出资打造的大型数据库，包含数据和软件两部分，涵盖了除有机物外的几乎所有材料体系的晶体结构数据，如合金、陶瓷、矿物等。

PDF 卡片是晶体信息的集合，内容非常丰富，包括：

（1）晶体衍射信息：记录了标准晶体的 d-I/I_1 值以及对应的衍射晶面指数，

并给出三强线对应的晶面间距和相对强度。

（2）晶体化学信息：给出了标准晶体的详细化学式（包含化学计量比）和矿物名称（或英文名称）。

（3）卡片质量评价：卡片质量高用"＊"或"＋"表示，良好为 i，一般质量不做标识（空白），较差的用 O，用晶体结构计算得到的数据用 C，卡片已删除用 D，卡片存在疑问用"？"等。

（4）衍射测量参数：卡片中给出了测量获取 d-I/I_1 时的测量几何、靶材、X 射线波长、滤波片、照相法时的相机直径、数据来源或参考文献。

（5）晶体结构信息：晶型、空间群、晶胞参数、轴比 $A=a_0/b_0$、$C=c_0/b_0$、轴角、单个晶胞内的分子数（单质为原子数）、数据来源或参考文献。

（6）晶体物理特性：光学折射率、光学正负性、光轴角、密度、熔点、颜色、数据来源或参考文献。

（7）样品处理工艺：样品提供者、制备方法、分解温度、测量温度、退火工艺等。

目前 ICDD 发行的 PDF 卡片数据库有 PDF-2、PDF-4 两个版本，PDF-4 系列不单单包含了 PDF-2 系列数据库的内容，还含有单晶结构数据、晶体结构三维图、选区电子衍射图、二维德拜环等信息。

除了 PDF 卡片数据库外，目前被较广泛采用的还有晶体学公开数据库（Crystallography Open Database，COD）、蛋白质数据库（Protein Data Bank，PDB）、金属数据库（CRYSTMET）等。

COD 数据库是由美国国家科学基金会、美国矿物学会、加拿大矿物协会、欧洲矿物学杂志联合创办的晶体学数据库，是公开式的数据库，数据库中的各类数据基本都是各种组织、机构或者个人捐助。

PDB 数据库是由美国国家科学基金会、能源部、国家卫生研究院联合出资，由美国新泽西州立大学、圣地亚哥超级计算机中心、国家标准技术研究所（NIST）联合创办的数据库，主要收集蛋白质和核酸大分子的结构数据。

CRYSTMET 数据库由加拿大科学技术情报研究所创办，主要收集金属单质、金属化合物、固溶体等材料的晶体数据。

6.3　检索软件

随着 PDF 卡片数量的增加，Hanawalt 等人提出的三条最强线的检索规范常出现误检现象，此时分析人员需要依赖丰富的工作经验才能准确开展物相鉴定。为了克服这一困难，Fink 检索法被提了出来，这一方法利用六条最强线按 d 值降序排列开展检索，提高了检索精度，降低了对分析人员的要求，但该方法的检索时间比 Hanawalt 法要更长。1967 年，Hanawalt 修正法被开发了出来，该方法首先利用三条最强线开展检索，之后逐渐扩展到八条最强线，不仅检索精度高，检索时间也大大减少。卡片检索方法除了 Hanawalt 等人提出的数字检索法之外，还有按各元素英文首字母排列的 Davey 检索法等。

但无论使用哪种方法检索，物相鉴定工作都是一种冗长繁杂的过程，需要花费大量的时间和精力，所有相关工作者都迫切希望能摆脱这种烦琐的过程。随着电子计算机技术的发展，利用计算机的超级运算能力开展物相自动检索，逐渐成为主流。

1965 年，Frevel 提出了自行设计的卡片自动检索法；1967 年，Johnson 等开发了 Johnson-Vand 自动检索法，70 年代初 JCPDS（后更名为 ICDD）对 Johnson-Vand 自动检索法进行了推广。需要指出的是，无论哪种自动检索法，都是以人工检索方法和规范为依据，利用晶面间距 d 值、衍射峰（或衍射线）相对强度 I/I_0 值以及组成样品的元素种类等为主要比对参数开展的物相鉴定方法，只是侧重点和处理方式存在不同。

1987 年，ICDD 发行了第一集电子版 PDF 卡片，大大推进了自动检索法的发展进程。之后开发专业化检索软件，对电子版 PDF 卡片进行检索，通过比对和数据评价最终获得物相组成准确信息的手段，逐渐成为现代物相鉴定的主要方法。目前较为通用的检索软件有：JADE、Highscore、Search match、Powder X、Celref 等。

JADE 软件由美国材料数据公司（Materials Data Inc.，MDI）开发，2019 年 4 月 MDI-JADE 与 ICDD-PDF 正式合并，之后推出了 JADE Standard、JADE Pro 两个版本的 JADE 软件。

Highscore 软件是荷兰 Philips 分析仪器公司（现为 Malvern Panalytical 公司）开发的一款用于 XRD 物相分析的软件，有 Highscore、Highscore plus 等版本。

Search Match 软件由英国牛津大学所属的牛津低温系统有限公司开发，主要用于对实验测量所得的衍射数据进行全谱检索匹配，以便开展物相鉴定分析。

Powder X 软件由中国科学院物理研究所董成教授开发，主要用于衍射数据处理、晶体结构分析等方面。

为物相检索方便以及利用 PDF 卡片进行更为深入的物相分析，分析软件中常配备数据平滑、背景扣除、$K_{\alpha 2}$ 剔除、寻峰、分峰拟合、缩放/平移/叠放、结果编辑/打印、位置校正、简易定量、应力应变分析、结构精修等功能。

6.3.1 软件定性检索原理

（1）分析软件对测量图谱中的所有衍射峰进行寻峰统计，确认每个衍射峰的位置和强度。

（2）分析软件将所有衍射峰的位置 2θ 值通过布拉格公式全都转换成 d 值，并将每个衍射峰的强度 I 除以最高衍射峰的强度 I_0，求取每个衍射峰的相对强度值，得出一组能代表物相特征的 $d\text{-}I/I_0$ 值（I_0 相对强度为 100%）。

（3）分析软件将获得的一系列 $d\text{-}I/I_0$ 值与数据库中 PDF 卡片的 $d\text{-}I/I_0$ 数据进行比对，根据比对因子找出匹配效果最佳的多张 PDF 卡片，展示在视图中供进一步分析使用。

6.3.2 软件定性检索步骤

（1）精准测量，获得样品的粉末衍射图谱；测得准是开展物相分析的基础。

（2）在分析软件中找到测量数据保存的地址，并根据数据格式打开图谱。

（3）观察图谱质量，判断是否需要对衍射图谱开展平滑、扣背景、剔除 $K_{\alpha2}$、寻峰、拟合分峰等基本处理。

（4）打开物相检索功能模块（一般标记 S/M，即 Search/Match 功能），设定检索条件：数据库类型、物相过滤方式（如选择元素）、主次物相等，单击"确认"，开始检索；此时分析软件会将匹配效果最佳的几十种或几百种（可自行设定）物相的 PDF 卡片陈列出来，并根据某种规则对其进行排列，如 JADE 中的 FOM 值，Highscore 软件中的 Score 值等。

（5）借助原材料化学元素组成、材料生产条件、样品制备工艺、测量几何和参数、物相相变过程和分析软件中的检索技巧等要素，"人为干预"选择出最适合的主要物相、次要物相以及少量或痕量物相。

（6）保存/复制/打印，物相检索过程往往需要反复处理，为避免过程的中断，可将数据结果保存成过程数据，如在 JADE 中保存为 SAV 格式的数据，这样的数据可以在下次使用时直接读入保存时的处理过程，方便继续分析；物相分析完毕，可在分析软件中设置打印区域、局部放大、添加文字、模板颜色、字体格式等信息，并完成数据复制或打印。

6.3.3 软件定性检索方法

（1）"大海捞针"法：对数据库不加任何设定，或将已有的数据库都选定，在所有数据库中由分析软件根据最基本的 $d\text{-}I/I_0$ 比对规则开展检索，也就是俗语说的"大海捞针"。

"大海捞针"法的特点：一般可检索出质量分数比较大且结晶效果比较好的主要物相；适用于开展物相鉴定时的初期观察，以及缺乏样品信息时的情况，或者样品可能受到污染，又或者所知样品信息与实际不符合时的情况。

（2）限制检索法：在 S/M 功能开始检索前，为避免过多干扰以及减小检索范围，可先行设定检索数据库（所有数据库、无机物数据库、有机数据库、矿物数据库、陶瓷数据库等）；还可以先行设定检索焦点（主量/次量物相、化学元素组成、元素摩尔比、被匹配峰的强度等）。需要注意的是，当限制元素组成时，一些容易忽略的化学元素尤其要谨慎，如空气中存在的 C、H、O、N 元素，以及一些常规手段（如 XRF）难以直接测量的元素，如 Li、Be、B 等元素；元素设置过多，会检索出更多不需要的物相，为物相鉴定引入干扰，元素设定过少或设定不正确，软件检索会避开未设定的元素，增加鉴定难度。

限制检索法将检索的范围根据限制条件进行了缩小，此举会大大减少检索时间和检索干扰，结合"大海捞针"法，一般情况下能将样品中的主要物相和次要物相检索出来。

（3）单峰检索法：在主次物相基本确定后，常常存在某个特定位置的衍射峰（有时强、有时弱）没有卡片标准峰与之匹配，这说明还有物相未检索出来，此时需要使用软件中的"单峰渲染"功能（如 Peak paint）将该峰选定，再开展"大海捞针"法或限制检索法，此时两种检索方法都会以"被选择的衍射峰是卡片检索时必须匹配的条件"来开展，即所检索出的所有物相，都至少有一强峰与所选定衍射峰匹配。这种首先选定单个衍射峰（也可以是多个）的检索方法，被称为单峰检索法。

单峰检索法将检索范围进一步缩小化，配合"大海捞针"法和限制检索法，基本上能将样品中存在的物相（存在有效衍射信号）都检索出来。

（4）反向检索法：实际样品中，会存在已检索出的物相卡片衍射峰已经将测量衍射图中的所有衍射峰都"分配"完毕（或匹配完毕），但依旧存在有物相未检索出的情况（如已知某种矿物或化合物必然存在，但却未检索出来），此时未检索出的物相衍射峰（尤其是强度比较大的主要衍射峰）基本都与已检索出的物相的某个或某几个衍射峰重叠在一起，甚至没有任何未匹配的独立衍射峰存在，这种情况下"大海捞针"法、限制检索法、单峰检索法等是无法直接开展卡片检索的，此时可以选择反向检索法（或称反查法）。

反向检索法，是利用已知矿物名称、已知化学组成元素、已知化学元素计量比、已知卡片编号或已知数据库等已知条件，从数据库中直接调取相关卡片或卡片集，观察调取的卡片与实测衍射图的匹配情况，继而开展物相鉴定的方法。反向检索法，能弥补常用的物相检索法的缺陷，使物相检索更完备。

需要注意的是："大海捞针"法、限制检索法、单峰检索法、反向检索法，是检索软件中常用到的四种方法，这四种方法无先后之分，可以随时挑选一种方法开展检索，只要最终能从数据库中选择出准确的物相即可，当各类检索功能熟练使用后，往往一种或两种方法的配合，就能将所需要的物相卡片检索出来。

6.4 物相定性分析判断依据

物相定性分析是一个过程，被分析出的物相，才是科研和生产中需要的结果。使用分析软件开展物相鉴定时，软件往往会根据检索规则或条件调出并排列几个、几十个甚至更多个匹配效果都较好的物相，接下来的工作是从这些匹配效果都较好的物相中甄别出合理性最高、逻辑自洽最严谨的有效物相，此时需要确立甄别有效物相的判断依据。

（1）位置对应：所选择的 PDF 卡片衍射线的 2θ 位置，要与测量衍射图中的衍射峰位置一一对应，换句话说，PDF 卡片中存在的衍射线，在测量图中都有与之 2θ 位置一一对应的衍射峰存在；这样的 PDF 卡片可作为最佳备选，再开展第二个判断依据分析；如无法满足 PDF 衍射线与测量衍射峰的对应，可执行"一票否决"原则，剔除该卡片，如图 6.4 所示。

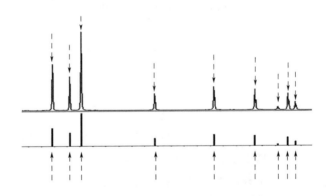

图 6.4 PDF 衍射线与实测衍射峰一一对应

（2）强度对应：PDF 卡片中所有衍射线的强度分布，要与所对应的实测衍射图中的衍射峰强度分布基本一致，如强度高的衍射线对应强度高的衍射峰，强度弱的衍射线对应强度弱的衍射峰；如果强度对应效果好，可将此 PDF 卡片继续列为最佳备选，再开展第三个判断依据分析，但如果强度分布匹配程度不高，也可执行"一票否决"原则，剔除该卡片，可参考图 6.4 所示比对效果。

（3）化学对应：PDF 卡片指出的晶体或物相化学组成，必须与实际条件相符；这里的化学组成包含原材料、实验条件、相变过程等因素，如果 PDF 卡片中的化学组成与实际条件不符，可执行"一票否决"原则，剔除该卡片，见图 6.5。

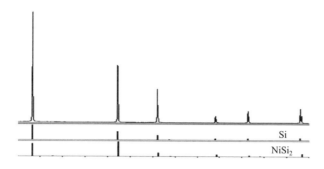

图 6.5 PDF 卡片中的化学组成与实验条件的对应

图 6.5 中选出的 PDF 卡片均能达到位置对应、强度对应的良好效果，但化学组成存在不同，自上而下分别是 Si、$NiSi_2$。如果已知原料中主要为 Si 元素，Ni 元素含量很低或不应该存在，则 Si 物相卡片为首选，如果样品制备时使用原料为单质硅和镍，或者通过 XRF 等手段证实 Ni 元素的存在，且含量不低，则可以选择 $NiSi_2$ 物相卡片，如果实验中无法完全排除 Si 或 $NiSi_2$ 的存在，那么这两种物相都需要列为最有可能存在的物相。

（4）其他对应：包括样品制备工艺对应、卡片晶体存在条件对应等，都可作为选择卡片或剔除卡片的依据，例如钢铁样品中都存在一定含量的 C 元素，考虑到研磨、抛光等样品制备工艺都是在空气中发生的，并且样品表面可能存在一定程度的氧化等因素，O 元素也具备较大存在可能性，但实际卡片检索时发现，CO_2 物相满足位置对应、强度对应、化学对应等条件，是否能选择 CO_2 作为最终样品中应该存在的物相呢？

当然不行。CO_2 在常温下是气体，气态原子的分布是离散的，无法构建稳定的原子堆垛，从而无法满足布拉格方程并产生衍射现象，CO_2 的 PDF 卡片是 CO_2 在低温或高压下固化成晶体后的衍射信息，实际衍射测量是在常温常压下发生的，并且测试的区域只是很小深度的样品表面，因此 CO_2 形成晶体的可能性不存在，所以选择 CO_2 作为最终物相是错误的。

以上各类对应，均有其物理意义。

位置对应：布拉格方程是决定衍射线或衍射峰几何位置的方程，在单色 X 射线照射条件下（入射光波长 λ 恒定）衍射峰位置 2θ 取决于晶面间距 d 值，衍射峰数量取决于产生衍射现象的晶面种类。对同一物相，当其为多晶体或粉末时（择优取向的薄膜和块体除外），由于其结构是固定的，能产生衍射现象的晶面种类（由弥勒指数 HKL 区分）必然是确定的，即 d 值的数量和大小是不变的，因此在衍射测量条件下所得到的衍射峰数量和位置是固定不变的，这被称为"指纹特性"，即晶体确定，其衍射指纹确定（衍射峰数量和位置确定）。

强度对应：在特定衍射仪上（X射线源、光路、探测系统性质参数确定），晶体产生的衍射峰强度一般取决于七大要素，即物相单胞体积、物相体积分数、晶面多重性、晶面结构分布、洛伦兹几何因素、温度因素、样品吸收因素，见图6.6。

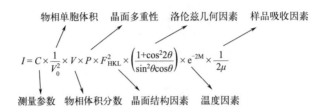

图6.6 衍射峰强度组成因素

对特定粉末样品而言，样品的物相组成、物相含量、物相结构等都是确定的，因此影响衍射峰强度的所有样品因素都是确定不变的，当衍射测量条件也不变时，所得到的不同几何位置的衍射峰的强度及不同衍射峰位置的强度分布也必然是确定不变的。这为物相定性分析提供了"强度对应"判据。

6.5 注意事项与常用技巧

（1）只有样品制备工艺、测量仪器、组成物相等均趋于"绝对完美"的程度，"一票否决"才有其意义，否则不能简单地"一票否决"；实际测量时，由于各方面因素不可能完美，甚至"很不完美"，从而"一票否决"的判据只能作参考，不能作为确认物相是否存在的依据。

（2）位置对应、强度对应、化学对应等判据执行时，必须考虑仪器配置、测量参数、样品制备、材料组成、晶体结构，以及衍射几何、衍射峰构成等因素，甚至需要定性定量地掌握这些因素，否则PDF卡片衍射线与实测衍射峰的"常常不匹配"将严重影响最终的物相鉴定结果。

（3）对于仪器配置、测量参数、样品组成、样品状态、制样方法、材料加工工艺等条件比较稳定的衍射测量来讲，物相鉴定的过程可以固化为标准操作，甚至可以实现物相鉴定分析的完全自动化；但若上述条件不稳定，如制样时粉末研磨工艺参数不稳定，又如不同加工工艺会导致材料本身存在择优取向等，此时物相鉴定分析的难度势必增大，分析过程只能"人工干预"，无法实现完全的自动化。

（4）卡片比对时，考察衍射线某些"存在特征"的匹配情况，是提高检索准确性的重要方法，如石英（SiO_2）在 2θ 为 $68°$ 附近存在由 $K_{\alpha1}$ 与 $K_{\alpha2}$ 组成的"五指峰"，一旦"五指峰"匹配效果好，说明石英存在的概率很高，又如 ZnO 晶体的三强峰比其他衍射峰都要高出很多，而且都出现在 2θ 为 $30°\sim38°$ 范围内，当这样的三强峰存在时，可以直接调取 ZnO 的 PDF 卡片进行确认。

（5）作者在多年实践经验的基础上，总结出"微痕量物相鉴定法"，如下：

在物相鉴定过程中，微痕量物相的确认往往比主要物相更重要，但微痕量物相由于其含量很低，其最强衍射峰位置可能只出现很弱的衍射信号，其他衍射峰的信号都消失了，此时很难准确判断 PDF 卡片的比对情况（因为微痕量物相只有一个或极少数衍射峰存在），从而无法准确开展微痕量物相鉴定；

考虑到其他衍射峰的"消失"本质上指很弱的衍射峰信号被较强的"噪声波动"隐藏了起来，并非真正意义上的消失，因此衍射信号即使再弱，也应该是必然存在的，从而当随机的噪声波动（可能波峰，也可能波谷）与被"隐藏"的弱衍射信号叠加在一起时，噪声波动将不再"完全随机"，而应该多数以"波峰"或"平坦"噪声出现，因此对于微痕量物相，除了可以开展已存在的一个或极少数衍射峰比对外，还可以考察卡片其他衍射线与噪声波动信号的比对情况，即如果该卡片物相存在，则卡片中其他衍射线的 2θ 位置所对应的噪声波动应该以"波峰"或"平坦"信号为主，而不应该以"波谷"为主，否则卡片物相不存在。噪声波动比对效果如图 6.7 所示。

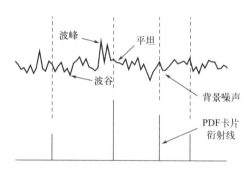

图 6.7 背景噪声与 PDF 卡片衍射线的比对

第 7 章

物相定性结果评估

使用分析软件对衍射数据开展物相定性分析时，尽管存在多个判断物相是否正确或合理的依据，但实际工作中只靠这些依据是不够的，很多情况下这些依据甚至不能起到依据的作用，只能作为确认物相的参考条件，这是因为实际材料与理想化的完美的物相晶体之间存在差距，例如实际材料中常常存在异类元素固溶或掺杂、晶粒择优取向分布、晶粒形状并非圆整的球形、晶体中存在各类缺陷等情况，再加上实际测量与"完美的、不存在任何偏差"的测量之间也存在差距，例如仪器各部件性能存在或多或少的不足、样品制备时人工操作不稳定等因素，同样会给测量结果引入或多或少的偏差，最终所有偏差都会加和到衍射数据上，使得衍射峰几何位置和强度发生改变，这就给依赖"$2\theta\text{-}I/I_0$"开展物相定性分析的方法引入了不确定性，因此只靠几个固定的"判断依据"或检索规范，是不可能准确地鉴定物相组成的，此时需要"人工干预"。

所谓人工干预，指通过分析人员所积累的测量知识、材料结构知识以及晶体学、衍射理论、软件原理等知识的综合运用，从测量数据中将仪器功能因素、测量因素、样品制备因素等外部因素与材料组成因素、物相形貌因素、晶体结构因素等内部因素逐一分离出来，并对其影响开展定性甚至定量评估。从这一角度对 PDF 卡片衍射线与测量所得的衍射峰的"不匹配"情况，进行详细深入的分析并获得逻辑自洽，此时所获得的物相定性结果，才有可能是合理的。因此，如何从测量数据中精细地分离出内部因素和外部因素，以及如何对分离出的因素开展相关的评估过程，是影响物相定性结果可靠性的关键。

7.1 测量质量评估

7.2 数据平滑处理

7.3 本底与$K_{\alpha 2}$扣除

7.4 伪峰识别

7.5 定性分析影响因素

7.6 定性分析学习方法

7.7 常见问题实例

7.1 测量质量评估

在开展物相定性分析之前，需要首先对测量数据进行质量评估，即通过数据检查，评估仪器性能、光路配置、测量参数、样品组成、样品状态等因素是否会影响测量数据中的衍射峰的几何位置和强度，评估测量结果是否准确可靠，以及评估物相定性分析出来的可能性大小，例如检查测量数据背景噪声的波动范围，评估微痕量物相检索到的可能性等。在此基础上，再开展下一步工作。

图 7.1 为 A、B、C 三个不同样品的衍射仪测量数据，测量 2θ 范围均为 $5°\sim90°$。

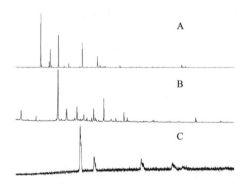

图 7.1 不同样品的衍射仪测量数据

由图可以看出：

（1）A 中背景线平直，噪声的随机波动小（光滑），衍射峰尖锐，且不同位置的衍射峰的半高宽差别不大，此外强衍射峰几何位置多分布在 $10°\sim50°$；

（2）B 中背景线平直程度不如 A，噪声波动比 A 大，背景线在中间区域有轻微隆起，衍射峰半高宽有的与 A 类似、有的比 A 大，衍射峰几何位置的分布范围在 $5°\sim50°$；

（3）C 中背景线由低 2θ 到高 2θ 逐渐平缓抬高，噪声波动显著，且波动中的波峰波谷分布不均匀，衍射峰半高宽很大（超出正常范围），衍射峰不够对称，在其右侧有平缓下降的坡度，衍射峰几何位置的分布范围在 $40°\sim80°$。

对以上数据开展质量评估，可以得到如下结果：

（1）A 样品结晶效果很好（衍射峰尖锐，半高宽小），样品为粉末且致密度高，或者样品为表面光洁度较高的块体（背景线平直光滑），测量速率选择较好（衍射峰形未发现显著畸变），其中包含物相数量不多，如一种、两种或三种，而且不同物相的组成和性质相似度高（半高宽基本一致）；

（2）B样品应该是粉末（衍射峰半高宽普遍比 A 大），且存在少量非晶物相（背景线的轻微隆起），测量速率良好（噪声波动比 A 稍大，但波峰波谷对称性尚可），发散狭缝使用较大（在数据起始位置处，背景线略高），在低 2θ 范围衍射峰不多也不密集，可以判断物相是有机物的可能性不大，物相组成至少存在两类（衍射峰半高宽的大小最少可以分成两类，且高中低 2θ 范围都存在不同半高宽的衍射峰）；

（3）C样品可能为金属或合金（衍射峰几何位置 2θ 较大），测量过程中产生了较多荧光，推断样品中含有较多 Fe 元素或 Cu 元素（背景线较高，铜靶 K_α 辐射已知），样品尺寸大于射线辐照面积或远小于辐照面积（背景线逐渐抬高，且整体趋势没有转折点），使用光源可能为平行光（衍射峰半高宽较大，且峰形不对称）。

由上述评估实例可以看出，数据质量评估是材料、测量、分析等要素的综合运用，运用得好，物相定性之前就有可能根据评估结果分析出很多有关样品、测量和物相组成等方面的信息，从而使物相定性分析事半功倍。

7.2 数据平滑处理

经过测量质量评估，可以获得第一手关于样品不同角度的可能信息，这可以称之为物相定性分析之前的第一步准备工作，接下来可以开展第二步准备工作：数据平滑处理（Pattern Smooth）。

例如，当测量数据类似图 7.1 中的 C 时，由于背景噪声波动很大，很多强度较弱的"有效峰"隐藏在背景噪声中，不仅减少了能用于开展卡片比对的有效衍射峰的数量，还会造成波动较大的噪声与强度较弱的有效衍射峰发生混淆，比对时将噪声当成有效衍射峰处理，这无疑会增加卡片比对的难度，进而降低物相定性分析结果的准确性。为避免背景噪声对定性分析产生影响，需要将噪声的波动削弱或降低，并将有效的弱衍射峰信号凸显出来，平滑处理是解决这一问题的良好手段。

要对背景噪声开展平滑处理，需要首先了解背景噪声的来源和性质。

背景噪声，一般指在测量和记录过程中，与有效信号存在与否无关的一切干扰信号，在衍射仪中指呈一定强度大小，且在一定范围内呈随机变化的波动信号，背景噪声信号主要来源于各类电气部件的电气噪声、仪器马达引发的振动、非晶相对 X 射线的漫散射等因素。衡量噪声对衍射信号的影响，一般使用信噪比为指标。

信噪比：Signal to Noise Ratio，简写为 SNR 或 S/N，在衍射仪中考虑到噪

声波动的随机性，信噪比的大小一般使用衍射峰的有效强度（扣除背景后的强度）除以噪声强度的方差（或标准差）来计算，如下：

$$SNR = (H - BG)/\delta \tag{7.1}$$

式中，H 为衍射峰的绝对强度；BG 为背景强度；δ 为噪声强度的方差，如图 7.2 所示。

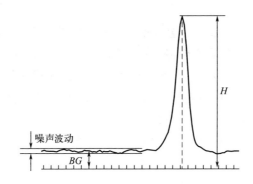

图 7.2 衍射峰强度 H 与背景强度 BG

为方便计算和 SNR 使用，常将式（7.1）中的噪声方差做简化处理，如在 JADE 软件中将其简化为如式（7.2）的形式。

$$SNR = (H - BG)/\sqrt{H} \tag{7.2}$$

信噪比可以衡量背景噪声对有效信号的影响，进而衡量测量质量和仪器性能。一般情况下，SNR 越大，测量质量越好，仪器性能越好；SNR 越小，噪声波动越大，测量质量越差，同等测量条件下仪器性能表现越差。

噪声存在的最形象体现就是背景强度不为零，而且背景线上出现了随机"毛刺"现象。噪声不仅仅产生在背景数据点上，同时也会附加到构成衍射峰的任一数据点上，也就是说噪声是在整个图谱数据上普遍存在的现象。噪声强度不为零，会使得衍射信号普遍增强，噪声强度存在一定程度的随机波动，会导致被增强的衍射信号的强化幅度呈现一定随机性，即有效衍射信号（扣除背景后的信号）可能会被噪声的随机波动增强，也可能被一定程度地削弱。

综上，噪声对有效衍射信号的影响主要是因为其强度在一定程度上具有的随机波动性。在尽量不影响有效信号的情况下，通过数学的方式将背景噪声的随机波动削弱或消除，即为数据平滑处理。

目前专用的衍射分析软件一般都具有数据平滑功能。为更好地说明平滑原理，此处列举一种简单的平滑方法，如下：

一张衍射测量图谱由数千个数据点组成（横坐标为 2θ，纵坐标为强度），将第 1 个、第 2 个、第 3 个……第 9 个数据加和取平均，使用这一平均值替代中间数据（第 5 个），再将第 2 个、第 3 个……第 10 个数据加和平均，使用平均值替代中间数据（第 6 个），依次类推，将整个样品数据逐一替代一遍，除了最前的 4 个数据以及最后的 4 个数据无法处理之外，所有数据都被替代了一遍，这样得到的替代后的新数据图谱中，噪声波动形成的毛刺现象将得到显著抑制，图谱中的每个数据点都会因这样的处理而提高准确性和稳定性，这样的处理过程即为一次平滑处理。

平滑处理的效果如图 7.3 所示。

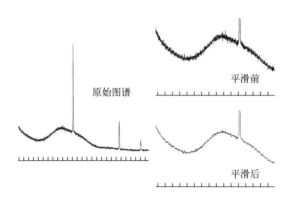

图 7.3 平滑处理前后的效果

由数学处理过程可知，平滑处理是一种改变原始测量结果的手段，存在一定"失真"的情况，当平滑参数设置不当或对原始数据多次平滑时，可能导致衍射信号的几何位置、强度、半高宽等参数发生显著变化，从而对分析结果造成影响，这是需要避免的。平滑处理时的参数设置以尽可能减少噪声波动，并且对衍射峰强度基本无影响为合理。

需要指出的是：虽然平滑处理能很好地削弱噪声波动，但并非每个样品的测量数据都必须进行平滑处理，为了保持最真实的测量信号，也可以不开展平滑处理，这需要根据测量质量、分析目的等具体情况实施。

7.3 本底与 $K_{\alpha 2}$ 扣除

平滑处理是为了削弱或消除噪声波动，但背景线强度过高，同样会对衍射数据分析带来不利影响，因此为更好地开展数据分析，还需要进行第三步准备工作：背景扣除（也称本底扣除）。

此处的本底，是由测量环境、荧光散射、非晶散射、康普顿散射以及特定温度下原子的热振动加剧等因素产生的具有一定强度、但不具有随机性的信号，其大小等于噪声平均值。

当本底过高时，需要对本底进行适当扣除。在 JADE 与 Highscore 软件中，扣除本底之前需要精细编辑背景预设点，预先点组成的预设背景线之下的信号强度都被扣为零，之上的信号强度相应减小。

本底的概念不限于上述内容，X 射线管中被激发的白光（连续波长组成的非特征射线）在结果图中会造成本底的起伏，未完全滤除的 K_β 射线会构成轻微的衍射信号，伴随 $K_{\alpha 1}$ 的 $K_{\alpha 2}$ 射线会在衍射图中造成原衍射峰半高宽增加或形成新衍射峰等，这些都可以称为本底。

在物相定性分析过程中，需要辨识这些不同原因构成的本底，加以控制或调整。以非晶散射为例，非晶物相造成的相干散射，在衍射图中会以"矮而钝"的鼓包峰形式出现，这种鼓包峰也被称为"馒头峰"或"驼峰"。物相定性分析时，这样的散射峰是可以当作本底扣除的；但除了定性分析之外，非晶散射峰是否需要扣除还需要根据实际情况而定，扣除不当会删除很多有效信息，不利于相关分析。

但无论是否扣除，都需要首先根据非晶散射峰的性质和产生条件，将其从测量图中清晰地辨识出来，否则可能造成不必要的扣除，导致有效信息减少，例如当多峰重叠或接近重叠时，容易造成类似"本底抬高"现象，但这种本底的起伏不是非晶散射造成，将其扣除势必影响衍射峰的强度分布，进而影响分析结果。本底扣除前后的效果，如图 7.4 所示。

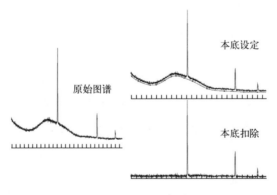

图 7.4 本底扣除效果

$K_{\alpha 2}$ 射线一般情况下均伴随 $K_{\alpha 1}$ 共同对衍射峰造成影响，对于半高宽较大的衍射峰，$K_{\alpha 2}$ 在衍射图低角度区会加宽衍射峰半高宽，高角度区会逐渐形成与 $K_{\alpha 1}$ 分离的新衍射峰，而且 2θ 角度越大，分离现象越严重（可以用布拉格公式自行推导），如图 7.5 所示，当衍射峰半高宽普遍较小时，$K_{\alpha 2}$ 射线造成的衍射峰分离有可能发生在较低的 2θ 范围内。

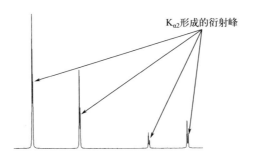

图 7.5 Kα2射线造成的衍射峰逐渐"分离"现象

Kα2射线造成的本底,在高分辨光路中可以忽略(利用多级单色器或反射镜等技术将 Kα2 滤除),但在一般衍射仪或衍射光路中,Kα2 都会存在,此时可以使用分析软件中内设的 Kα2 扣除功能将 Kα2 扣除。例如,在 JADE 软件中可以将 Cu 靶产生的 Kα2 波长设为 1.544Å,强度设为 Kα1 射线的 1/2,执行 Kα2 扣除功能。需要注意的是,波长和强度比例并非恒定不变,这两个值可以在一定微小范围内波动,为收获最佳效果,可以适当微调这两个值。对不同靶材,Kα1、Kα2 的强度比例不同。

Kα2射线造成的本底并非一定要扣除,同样需要根据实际情况来判断,扣除 Kα2 可以提高图谱的峰形对称性、增强衍射峰清晰程度等,但会一定程度地降低峰背比,不利于少量或微量物相的定性分析。例如,当 2θ 较小时,Kα2 射线在该范围内更多的是增强衍射峰强度,一旦扣除,少量或微量物相形成的弱衍射峰的强度势必会再次显著降低,虽然 Kα2 射线提供的部分噪声也被扣除,但噪声强度降低的幅度远比衍射峰强度小,从而 Kα2 射线的扣除减小了峰背比,增加了少量物相和微量物相定性分析的难度。

Kα2射线扣除前后的效果如图 7.6 所示。

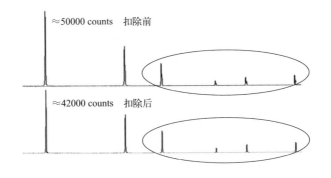

图 7.6 Kα2扣除前后的效果

7.4 伪峰识别

在对衍射图进行分析之前，需要辨识衍射图中的有效信号和无效信号，这可以称之为分析之前准备工作的第四步。

无效信号，指类似衍射的信号（或类似有效衍射峰的信号），但却并非材料本身导致，而是因设备性能、光路配置等因素引起的"伪"信号，这样的信号不必要分析，但需要从测量结果中将其辨识出来，否则会干扰分析，甚至导致错误结果。

常见的伪信号（或称"伪峰"）有 $K_{\alpha2}$ 形成的衍射峰、滤光后残留的 K_{β} 形成的衍射峰等。以辨识 K_{β} 为例，需要事先了解 K_{β} 的波长大小，以强度较高的衍射峰为参考（Cu 靶条件下，残留的 K_{β} 射线的强度往往是 K_{α} 的百分之几甚至更低，因此只有当 K_{α} 形成强衍射峰时，残留的 K_{β} 才有可能形成较明显的干扰信号），分析 K_{β} 射线形成的衍射峰应该出现在哪个位置，考察此处衍射峰的强度，分析此处衍射峰是 K_{β} 射线形成的可能性。这一辨识方法，在很多分析软件里都成了特定功能模块，应用起来非常方便。

当有效衍射峰强度很低时（如薄膜掠入射测量），探测器在工作过程中可能因为电噪声的波动而产生突发信号，这样的信号在衍射图中也会形成"伪峰"，同样需要将其辨识出来。这样的伪峰，常常由"一个或两个"数据点组成，其半高宽比一般衍射峰要小得多，很容易辨识，如图 7.7 圆点所示。

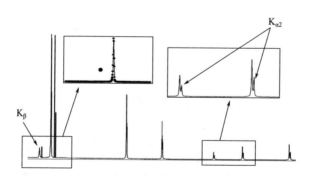

图 7.7 电噪声导致的"伪峰"

当 X 射线管使用时间较长时，钨灯丝高温下产生的蒸气会附着在铜靶表面，高速电子在撞击铜靶的同时，也在撞击钨沉积层，因此在衍射结果中除了铜靶衍射信号外，还可能存在钨材料被激发的 X 射线形成的强度较低的衍射峰，这样的衍射峰同样是伪峰，可以使用分析软件中的特定功能模块将其标识出来。

除了以上可能形成的伪峰外，当光路控制不当、样品制样不够严谨等情况发生时，同样会给测量结果引入伪峰。例如使用橡胶泥时，被其他粉末污染的橡胶泥直接暴露在 X 射线辐照下，在测量结果中会产生橡胶泥成分的衍射峰；当使用阵列探测器的阵列模式时，射线辐照面积超过样品尺寸直接辐照在样品架上，测量结果中会引入样品架的信息等。

做完测量质量评估、数据平滑处理、本底扣除、伪峰识别四个步骤的准备工作，即可使用分析软件按基本流程开展卡片检索分析。

7.5 定性分析影响因素

物相定性分析时，虽然有 PDF 卡片作参考，但面对物相组成复杂、物相微结构发生变化、光路性能不明等情况时，定性分析往往存在困难。现将定性分析的影响因素简略总结如下：

（1）衍射峰位置发生偏移。此处是指测量所得的衍射峰位置与 PDF 卡片衍射线位置之间的偏移。这种偏移现象，可能是材料中的固溶、残余应力等因素导致，也可能因样品制备不当、测量参数不当导致，例如随着 2θ 由低到高逐渐增加，每个衍射峰的偏移方向和偏移量基本一致时，往往是因为样品平面高于或低于测量基准面导致，但若随着 2θ 逐渐增加，衍射峰偏移方向不一致或者偏移量显著不同，则可能跟样品材料本身因素有关。如图 7.8 所示。

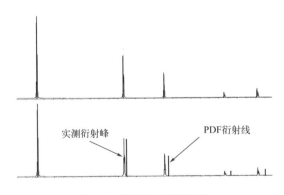

图 7.8 衍射峰位置偏移现象

偏移现象的存在，会严重干扰分析软件的进程，甚至导致无法检索，此时若已确认是样品制备的问题，可以使用软件中集成的衍射峰或 PDF 卡片衍射线偏移消除功能，更改分析软件寻峰时的偏移量，继续开展软件定性过程，或者通过反查法"人工干预"开展卡片检索。

（2）样品中存在新型晶体物相（PDF 卡片库中尚未收录）。ICDD 近年出版发行的 PDF 卡片数据库能满足多数材料物相定性的需求，但在新能源、新材料、有机物、催化剂等新兴学科领域，会出现人工合成或人工制造的新型晶体，该类晶体的晶型种类和元素位置等属于未知信息，尚需要进行分析确认。如果新晶体能合成一定尺寸的单晶颗粒，可以使用单晶衍射仪分析晶体结构信息，若只能形成新晶体粉末，则可以利用 X 射线粉末衍射技术对其晶体结构进行解析。

未知样品中不排除存在新晶体的可能，此时由于数据库中没有收录新晶体对应的 PDF 卡片，因此无法完成新晶体的定性分析。

但在实际分析时，即便寻找不到与新晶体完全匹配的 PDF 卡片，依然有可能检索出与新晶体的晶型基本一致的已知卡片（如衍射线数量与新晶体衍射峰一致，且二者位置大致对应），这有赖于 PDF 卡片数据库的广大存储量。被检索到的已知卡片，往往也能给出关于新晶体的很多物相信息。此时如果想更清楚地获知新晶体的结构信息，可以将检索到的已知卡片的元素组成逐一修改为新晶体组成，再利用全谱拟合结构精修的方式，对修改后的卡片进行精修校正，最终收获新晶体的晶体结构信息。

（3）化学元素组成。当对少量或微量物相开展定性分析时，由于物相衍射峰强度不够高且数量有所减少，直接开展卡片检索比较困难，此时使用限制元素检索法将大大缩小检索范围，使卡片检索变得更精准，这就需要利用衍射技术之外的其他技术，将样品元素组成事先表征出来。

此处的元素组成，指组成样品的主含量元素，过于微量的元素对物相分析意义不大，如几十 ppm 含量以内的元素，即便形成了某个物相，也没办法在衍射结果中给出有效信号（或信号过低，被掩盖在噪声波动中），因此这样的物相无法开展定性分析。

波长色散 X 射线荧光光谱仪（WD-XRF）可以对固体样品中的几乎所有组成元素（轻元素和重元素）开展定性定量分析，是物相定性分析的有力辅助。但 WD-XRF 因其仪器配置和测量原理的限制，依然存在部分轻元素无法测量的情况，如普通配置的 WD-XRF 只能测量 F～U 范围内的元素组成，因此在将 WD-XRF 获得的元素组成代入物相定性分析时，需要注意 F 以内的元素是否也需要添加，如 H、Li、Be、B、C、N、O 元素。

元素种类过多会扩大限制元素检索法的检索范围，降低检索精准度，但若漏掉某个必要的元素，将会导致卡片漏检的情况发生，因此定性分析时，所代入的化学元素组成要尽量精准。

（4）晶粒分布择优取向。粉末由颗粒组成，颗粒又由多个晶粒组成，衍射现象主要发生在晶粒内部，当射线辐照下的晶粒取向无规则分布时，衍射峰的强度分布与 PDF 卡片衍射线符合良好，当晶粒取向择优分布时，改变了构成衍射峰的晶面数量，从而引起衍射峰强度分布显著偏离 PDF 卡片衍射线分布，这样的偏离可能使衍射峰增强度增加，也可能使衍射峰强度减小。

当样品中存在晶粒分布择优取向时，衍射峰强度分布不再遵循 PDF 卡片的分布规律，此时使用比对法检索卡片时，将无法满足"强度对应"的判据条件，从而使物相定性难度增加。

除了晶粒分布择优取向外，当晶粒形状为非圆整形状时（圆整形状为球形），X 射线辐照的样品表面会存在因晶粒形状"各向异性"而产生不同晶面的面积分布不均匀性，从而引起不同晶面衍射峰的强度分布偏离 PDF 卡片的现象。这种情况与晶粒择优取向的影响很相似，但本质上存在不同。

但多晶样品衍射峰的强度分布偏离 PDF 卡片的现象，却不一定都跟"择优取向"或"各向异性"有关，当存在物相衍射峰重叠时，以及样品制备过程中人为添加"择优取向"时，同样会出现某个或某几个衍射峰强度分布偏离 PDF 卡片的现象，此时需要事先辨识衍射峰强度变化的原因，才能做好物相定性分析，否则可能将衍射峰的重叠当成择优取向，或把制样偏差当作衍射峰重叠处理，最终引起结果误判。

（5）物相含量。含多个物相的样品中，并非每个物相都能给出较强的衍射峰，一般情况下物相含量越多，其衍射峰强度越大，能辨识的有效衍射峰越多，物相含量越少，衍射峰强度越小，能辨识的有效衍射峰越少；当物相含量很低时，如质量分数低于 0.2%，此时该物相形成的最强衍射峰可能都被背景噪声的起伏波动所掩盖，对这种物相是没办法开展准确定性分析的。

对于因物相含量低导致的衍射峰强度减弱和数量减少的情况，可以采用步进测量模式开展衍射测量，当测量参数设置合理时，步进测量模式会得到衍射峰增强且峰背比更好的结果，对辨认有效衍射峰有利。

（6）测量参数。靶材性质：目前大多数实验室使用的衍射仪，都配备铜靶射线源，这与铜靶制备成本低、导热性能好有关，更与 K_α 射线的波长适中，大多材料的衍射峰会均匀分散在广角测量范围内有关；如果将铜靶 K_α 射线更换成钼靶或银靶 K_α 射线，则射线波长变小，同一晶面出现衍射峰的几何位置 2θ 也将显著减小，即所有衍射峰将集中出现在低 2θ 测量范围内，衍射峰重叠严重，不利于物相定性分析；如果将铜靶 K_α 射线更换成 Co 靶或铁靶 K_α 射线，则所有衍射峰将集中出现在高 2θ 测量范围内，不利于测量，也不利于物相分析。

2θ 测量范围：对于无机物，2θ 测量范围常常选择 $10°\sim100°$，但对岩石、土壤等样品，其组成矿物在 $2°\sim10°$ 范围内依然存在较强的衍射峰，如果 2θ 测量范围未覆盖 $2°\sim10°$，例如起始角度从 $10°$ 起，在对测量结果开展 PDF 卡片比对时，势必将失去一个有代表性的比对位置，增加定性分析的难度；对药品、生物制品等有机物而言，由分子（或分子链）组成的晶体的晶面间距比较大，从而衍射峰会集中出现在低 2θ 测量范围内，因此测量时的起始角度应该从更低值开始，例如测量范围选择 $2°\sim60°$；当样品为金属或合金材料时，因为该类材料的晶面间距普遍较小，因此衍射峰一般出现在高 2θ 测量范围内，为了更精准或更充分地开展卡片比对，建议测量范围可以适当增加，如测量终止位置控制在 $120°$，如此可以收获更多的衍射峰。

测量步长和测量时间：步长越小，测量结果越细致，对少量和微量物相检出越有利，反之步长越大，测量结果越粗糙，不利于少量和微量物相衍射峰的分辨；测量时间越长，每一步采集的信号越强，衍射结果峰背比越高，但会增加时间成本，反之测量时间越短，测量结果噪声越大，越不利于少量和微痕量物相的分析。

（7）样品制备过程。样品制备过程直接影响测量结果中衍射峰的几何位置和强度，因此直接影响物相定性分析时的 PDF 卡片比对过程。

以粉末样品为例，当样品粒度过大时，衍射峰会出现多个峰顶现象（起麻），当样品粒度过小时，如达到 200nm 以内，衍射峰将迅速展宽，造成不同物相衍射峰重叠；当样品面积小于射线辐照面积时，射线可能辐照在样品架上，导致衍射结果中引入样品架的衍射峰信息；当粉末样品"过薄"时，射线将穿透样品，辐照到样品之下的垫片上，测量结果中会裹入垫片信息；当样品吸潮现象严重时，如测量过程中逐渐转变成胶状物，此时测量结果中噪声波动增加，噪声本底中会出现非晶散射"鼓包峰"；当样品颗粒呈特殊形态时，如丝状物的碎屑，测量过程中可能引入较强的择优取向等，以上因素都会干扰到 PDF 卡片的比对过程，从而不利于物相分析。

样品制备过程是开展衍射测量和物相分析的重要基础，因此制样过程不仅要求技能熟练、方法标准，更需要理解哪些样品细节会影响测量结果，只有行动上和认识上都能做到逻辑严谨，才能制备出满足物相分析要求的样品。

（8）分析人员技能。物相定性分析不仅仅是卡片的"比对"，更多的应该是对衍射结果的观察和分辨，例如从衍射结果中分辨出因样品制备、仪器测量等因素引起的偏差，这就需要分析人员对衍射测量有较扎实的知识积累和比较丰富的实作经验。

物相定性分析时，常用到寻峰、拟合、背景预设等方法，以便确认是否有衍射峰重叠、非晶散射程度等因素，此时需要分析人员对所使用的分析软件的操作、原理有较熟练的技能和较深入的理解，例如使用分析软件提取衍射峰的半高宽（FWHM）时，只有对峰形进行函数拟合，所得到的半高宽才是真实有效的，不能随意使用其他应用模块附带的提取半高宽功能。

以上列举了 8 个影响物相定性结果准确性的因素，但实际分析过程不限于此。

因此，仅从卡片比对过程来看，物相定性分析是最简单的操作之一，但该过程是"由无到有"的过程，如果对衍射仪配置、测量参数、样品制备、软件原理、衍射原理等知识了解得不够深入，物相定性分析将变得"不准确、不可靠"，甚至"不可信、不科学"。所以物相定性分析，是衍射技术最简单的应用，但也是"最艰难"的应用之一。物相定性分析，可以作为判断衍射技术综合能力的重要标准。

7.6　定性分析学习方法

由以上章节可知，影响定性分析的因素非常多，要充分掌握定性分析技能，必须将这些繁杂无序的因素一项项都学懂弄通才有可能做到。为方便技能学习和提高，本节重点讨论学习的方法。

开展物相定性分析需要首先确认衍射结果中存在有效衍射峰，并对有效衍射峰相关特征进行分析采集，这是开展 PDF 卡片检索和比对的前提条件。衍射峰特征由五个基本参数（图 7.9）组成：衍射峰位置（2θ）、衍射峰强度（高度或积分面积）、衍射峰半高宽（FWHM）、衍射峰对称性、衍射峰背景。任何影响五个基本参数的因素，都会影响 PDF 卡片比对效果，最终影响定性分析结果。

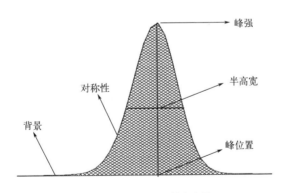

图 7.9　衍射峰五个基本参数

根据可控程度，影响衍射峰五个基本参数的因素可具体划分为样品测量因素（外因）和样品材料因素（内因）两大类，测量因素指仪器配置、测量参数、样品制备、软件读取等因素，材料因素指物相组成、晶体缺陷、晶体形貌、晶体微结构等因素。两类因素同时出现在衍射结果中，并且同时影响衍射峰的五个基本参数，因此在物相定性分析之前，需要首先将两种因素的影响辨识出来，如果辨识不清或辨识错误，都将导致最终的分析结果不准确，甚至错误。

经过归纳总结，将五个基本参数相关的影响因素汇总在表 7.1、表 7.2 中。

表 7.1　测量因素对衍射峰"五个基本参数"的影响

衍射峰参数	测量因素
峰位置	射线波长、测量面高低、测角仪零点、光路模块零点、$\theta/2\theta$ 两轴联动偏差
峰强	粉末粒度与分布、光源强度、单色器、探测器性能、测量模式、测量参数
半高宽	样品粗糙度、狭缝宽度、光束类型
对称度	索拉狭缝、测量参数
背景	狭缝宽度、测量参数、仪器配置、原位条件、滤光方式

表 7.2　材料因素对衍射峰"五个基本参数"的影响

衍射峰参数	材料因素
峰位置	点阵类型、晶胞参数、原位条件、固溶/掺杂、残余应力
峰强	晶粒度、择优取向、峰形重叠、材料吸收、晶面结构、物相含量
半高宽	纳米晶粒、微观应变
对称度	晶体结构、峰形重叠、孪晶缺陷
背景	非晶散射、康普顿散射、荧光散射、衍射峰密集

射线波长（峰位置）：根据布拉格方程可知，射线波长越大，同一晶面产生的衍射峰 2θ 角度越大，反之射线波长越小，2θ 角度越小。

测量面高低（峰位置）：测量面比基准面低，衍射峰 2θ 角度减小，测量面比基准面高，衍射峰 2θ 角度增加。

测角仪零点（峰位置）：测角仪校准好的位置可以看作测角仪"零点"，该零点出现偏差，会将该偏差加和到所有衍射峰 2θ 角度上。

光路模块零点（峰位置）：以 Malvern Panalytical 公司生产的 EMPYREAN 型衍射仪为例，固定狭缝模块与射线单色模块（简称 BBHD）以及其他模块都存在各自的零点，在模块使用时，测角仪会适当调整以适应该模块零点，若直接更换模块而不更改对应的仪器使用参数，则测角仪零点与模块不匹配，最终导致衍射峰位置发生变化。

$\theta/2\theta$ 两轴联动偏差（峰位置）：顾名思义，该偏差是由马达带动入射轴和衍射轴运动时产生的联动偏差，该偏差对不同 2θ 角度的衍射峰影响不同，可以使用标准样品建立偏差曲线。

光源强度（峰强）：射线管在衍射仪中的使用功率受其设计功率和仪器高压发生器的控制，一般情况下，射线管的使用电压电流偏低，则入射光强度不够，衍射峰强度自然较低，反之电压电流高，入射光强度增加，衍射峰强度也增加。

单色器（峰强）：单色器内有分光晶体，分光晶体的位置校准得好，则经单色器滤光后的射线能保持较为纯净且强度较高的 K_α 射线，但若其位置偏离，则由单色器出射的 K_α 射线强度降低，偏离严重时衍射图中还会出现 K_β 射线形成的衍射峰。

探测器性能（峰强）：若探测器灵敏度不够（例如死时间较长），当测量速率较快时，所得衍射峰强度普遍降低；若使用 Si(Li) 基半导体探测器，当使用 Mo 靶、Ag 靶等波长更短的 X 射线时，由于射线光子穿透性强，导致探测器在接收时造成有效光子大量流失，测量所得的衍射峰强度受到影响。

测量模式/参数（峰强）：薄膜掠射测量所得的衍射峰强度比普通粉末衍射要低得多；步进测量时，延长测量时间，衍射峰强度将普遍增加。

样品表面粗糙度（半高宽）：表面越粗糙，X 射线散射情况越明显，衍射峰半高宽越大，反之表面越光滑，衍射峰半高宽越小。

狭缝宽度（半高宽）：此处指的主要是发散狭缝，发散狭缝越小，衍射峰半高宽越小，发散狭缝越大，半高宽越大。

光束类型（半高宽）：以阵列探测器的使用为例，普通粉末衍射采用的是聚焦光束，阵列探测器是线阵模式（如 Scanning line detector），测量所得的衍射峰宽度适中，当使用平行光束时，为避免衍射峰产生平台现象，探测器将更换成开口模式（如 Open detector），此时测量所得的衍射峰宽度明显增加。

索拉狭缝（对称度）：使用索拉狭缝，会过滤与索拉狭缝中的金属片不平行的射线，衍射峰对称度良好，不适用索拉狭缝，衍射峰的对称性会受到影响。

测量参数（对称度）：在 2θ 低角度区，可能存在衍射峰不对称现象，这是由测量光束在入射角度较小时辐照面积较大导致，在 2θ 高角度区，当测量速率较大时，会产生衍射峰的峰形畸变，衍射峰对称度受到影响。

狭缝宽度（背景）：发散狭缝越大，入射光束越宽，在测量 2θ 低角度时，会产生入射光直接进入探测器的现象，导致测量图在起始角度时背景强度显著增加，掠过起始角度附近后，背景强度显著降低。

测量参数（背景）：测量速率越大，仪器噪声波动越大，信噪比越低；测量速率越小，噪声波动也越小，信噪比越高。

仪器配置（背景）：探测器灵敏度低，信噪比低。

原位条件（背景）：高温条件下的衍射测量，其噪声强度有所增加，波动幅度也有所增加。

滤光方式（背景）：使用单色器滤光时，背景强度低，信噪比高，使用滤波片滤光时，背景噪声强度大，信噪比稍低。此外，滤波片滤光时，在较低 2θ 区域还可能存在残留的白光造成的背景起伏现象。

点阵类型/晶胞参数（峰位置）：点阵类型不同，衍射峰数量不同，产生的衍射峰几何位置也不同；晶胞参数不同，影响晶面间距 d 值，从而影响衍射峰几何位置 2θ。

原位条件（峰位置）：大多数材料存在热胀冷缩现象，其根本原因在于晶胞在高温下发生膨胀，晶面间距 d 值发生变化，从而引起衍射峰几何位置 2θ 发生变化。

固溶/掺杂（峰位置）：异类原子的固溶或掺杂，会引起晶面间距 d 值的变化，最终引起衍射峰位置的变化。

残余应力（峰位置）：残余应力的存在会引起衍射峰不同晶面的晶面间距 d 值发生不同程度的变化，进而影响衍射峰几何位置。

晶粒度（峰强）：同等辐照面积条件下，单晶的衍射峰强度最高，粉末的衍射峰强度显著下降，当粉末中的晶体尺寸达到纳米级时，衍射峰显著展宽，同时强度显著下降。

择优取向（峰强）：多晶样品中，当各晶粒的取向无规则分布时，衍射峰强度分布与 PDF 卡片衍射线相似，但若晶粒取向分布存在择优情况时，衍射峰强度会出现不该高的高，不该低的低，择优取向严重时，可能造成大量衍射峰消失的现象。

峰形重叠（峰强）：不同物相衍射峰重叠时，会造成衍射峰强度的叠加。

材料吸收/物相含量（峰强）：不同材料对射线的吸收不同，所得到的衍射峰强度与其含量并不成正比。

晶面结构（峰强）：晶面结构和元素位置，影响衍射强度公式中的结构因子，从而影响衍射峰强度。

纳米晶粒（半高宽）：纳米尺度的晶粒在倒易空间中所呈的像不再是微小集中的点，而是有一定长宽高的三维立体，从而衍射仪测量得到的衍射峰将显著展宽。

微观应变（半高宽）：晶粒内部的晶格畸变、位错、层错等缺陷会造成衍射峰的显著展宽。

晶体结构（对称度）：蒙脱石的晶体结构导致其在 20°附近的衍射峰呈现明

显不对称现象。

峰形重叠（对称度）：当两个衍射峰彼此挨近时，所产生的综合衍射峰将呈现不对称现象。

孪晶（对称度）：孪晶的出现会引起衍射峰不对称现象发生，根据不对称的程度可以计算孪晶密度。

非晶散射（背景）：非晶散射在衍射测量结果中会形成背景在较宽 2θ 范围内隆起的现象。

康普顿散射/荧光散射（背景）：两种散射会增加背景强度，增加噪声波动幅度。

衍射峰密集区（背景）：当出现多个衍射峰集中出现在较窄 2θ 范围内时，所形成的综合衍射峰的背景会呈现与非晶散射"鼓包峰"相似的现象。

以上因素因其产生原理不同，对衍射峰五个基本参数的影响也不同，掌握好这些影响因素的原理，及对衍射峰的定性定量影响，是做好物相定性分析的关键。此外，影响基本参数的因素不限于以上所述，需要实际问题实际分析。

7.7　常见问题实例

（1）依靠与 PDF 卡片进行比对开展物相定性分析时，怎样选择才是正确的？

解决办法：这一问题是初学者最常遇到的问题，也是决定定性分析结果质量的关键问题。只观察位置和强度的比对效果，不掌握衍射峰形成的本质和影响因素，是没办法选择出正确的卡片来的。

根据以上小节所述，要在庞大的数据库中选出正确的物相卡片，除了对软件操作的技能要有较好认识外，还需要对影响衍射峰参数的内、外因素在原理方面充分认识、深入理解，并尽可能将其影响定量化分析，才有可能做好物相定性分析。

（2）衍射峰强度突然增加，如何判断是否是不同物相的衍射峰重叠造成的呢？

解决办法：可以根据所有衍射峰进行正常的物相定性分析，分析完毕后，观察强度异常的衍射峰共有几张 PDF 卡片的衍射线与之对应，假设物相定性分析不存在问题，则该衍射峰强度应该是所有对应的物相的共同贡献，根据衍射峰比例可以观察各自不同的贡献大小。

但若与该强度异常的衍射峰相对应的几个物相，在该位置处物相卡片上的衍射线强度加和无法构建实测衍射峰总强度（需要对各物相做简单定量分析），则剩余的强度应该由新物相或某物相存在择优取向导致。

（3）物相定性分析时，经常遇到软件同时筛选出了多张分子式相同、衍射峰也基本一致的 PDF 卡片，该如何选择呢？

解决办法： 衍射峰是原子等结构基元在空间的有序排列特征，理论上只要分子组成一致，衍射峰强度、位置、数量也一致，就是相同的物相，选择哪一张卡片都是可行的，当然为了接下来的深入分析，如定量分析、结构精修等，可以选择带有参比强度值的卡片，或者晶体结构信息比较齐全的卡片。

但任何一张卡片都是为了分析做参考用的，并非寻找出来的卡片就是标准答案。不是卡片不够标准，而是因为卡片信息过于完美，与实际总存在不一致，这是因为实测样品的材料组成、生产工艺、样品制备过程、仪器测量等都无法做到与卡片晶体的样品制备和测量条件完全一致。当然，也正是因为不一致，才能深入研究造成"不一致"的原因，进而开展晶体结构的深入分析。

（4）在物相定性分析时，有没有比较有效的技巧？

解决办法： 技巧是有的，比如观察图谱中是否有"五指峰"的特征，以此判断是否存在石英矿物，又比如已分析确认样品中含有方解石（$CaCO_3$），此时可以使用反向检索法直接观察是否存在方解石的伴生矿物，如石英（SiO_2）、白云石 $[MgCa(CO_3)_2]$ 等，这些都是比较实用的技巧。

从卡片比对来看，同样存在一些比较有用的技巧：一般情况下衍射峰的位置对应比强度对应更重要，衍射峰的数量和分布规律对应比位置对应更重要，测量结果中所有衍射峰都要开展分析直到没有遗漏，"微痕量物相鉴定法"对所有强度微弱的衍射峰都有效等。

小结

物相定性分析和结果评估，具体可分为以下步骤：

（1）图谱质量评估：比如衍射图噪声大小、本底高度、峰背比、背景曲线形状、起始角度、衍射峰分布区间、衍射峰宽度、高角度峰强度等。

（2）对数据进行初步处理：平滑、扣本底、拟合分峰，识别 K_β、$K_{\alpha 2}$、钨灯丝蒸汽导致的伪峰，以及有可能存在的白光导致的伪峰或伪非晶峰等。

（3）利用软件开展 PDF 卡片自动检索："大海捞针法"检索与单峰检索、元素过滤检索等步骤相互配合，开展卡片自动检索；此时需要先检查分析软件的设置，如是否设置了主要物相或次要物相、物相检索时展示出的卡片有多少张，数据库有哪些、是否选择了合适的数据子库、元素选择时有没有可能漏选、是否有已知物相待查等。

（4）卡片筛选和确认：简单的物相组成容易检索出 PDF 卡片，但当物相组成复杂时，很多衍射线往往重叠，此时既需要检索比对重叠处的衍射峰，又要检索比对非重叠的衍射峰，但实际情况往往是卡片上的衍射线相比实测图衍射峰在强度方面总存在出入，这基本都是由粉末颗粒中晶粒分布存在择优取向导致，因此强度方面只需大致对应即可；如果强度能大致对应，位置对应效果也良好，则可判断该卡片是"嫌疑分子"，将其筛选出来，留作下一步；不断做这样的筛选，获得足够多的物相，再对这些物相进行互相比较，选出化学元素、生产工艺、衍射峰位置和强度、物相存在状态等各方面条件都满意的物相出来，当然最后不能忘了可能存在物相衍射峰完全被重叠的情况，此时需要通过反向检索法进行确认；卡片筛选前，最好能测量下样品元素组成，比如波长色散型 X 射线荧光技术的全元素分析，在确认 PDF 卡片时，一般不能违背 XRF 所获得的测量结果，也就是说定性过程中需要一边比对一边衡量物相可能的含量，从而与 XRF 结果相匹配。

（5）实际测量的图谱衍射峰常遇到忽然增强、忽然减弱、衍射峰偏移、衍射峰展宽、峰形不对称甚至衍射峰消失的情况，此时需要对材料知识和衍射知识有较好的理解，在此基础上对各类可能的原因开展相互辩证，只有最终达到完整的"逻辑自洽"，物相定性结果才有可能正确。

如果无法做到完整的"逻辑自洽"，很可能会出现错误判断，例如：本来是两个衍射峰重叠导致的衍射峰强化，结果判断成了择优取向；本来是择优取向导致的衍射峰增强，结果非得找出物相来进行比对；本来峰形不对称是由晶体结构导致，结果判断成了有其他物相衍射峰在附近；本来偏移是应力导致，结果误认为是固溶等。这样的错误判断是导致物相定性分析出现错误的主要原因，这样的错误会直接引发后期物相定量错误、结构精修错误，可谓"一步错，步步错"。要解决这样的问题，除了深入学习掌握材料学和衍射学之外，没有别的办法，这不是一蹴而就的事，需要在这个学科方面钻研很多时间。

综上，物相定性分析的操作过程就是比对卡片，表面上是很简单的过程，这也导致很多人觉得物相定性分析"不够科学"，而是依赖经验"猜测"得到的结果，但这是不正确的，经过本章详述可以表明，物相定性分析是一种受多种因素影响的、准确的且逻辑严谨的材料表征科学技术。

第 8 章

物相定量分析

　　由前述章节关于物相的定义可知，其内容主要包含三个方面，一是化学元素组成，二是晶型结构，三是晶胞参数。严格意义上讲，只要任一方面存在不同，即可判定物相不同。将各个不同物相的含量具体分析出来，即为物相定量分析。

　　如果只考虑物相的化学组成，可以将物相定量分析简单理解成化合物定量分析，例如某种岩石中含有石英（SiO_2）、方解石（$CaCO_3$）、白云石 [$MgCa(CO_3)_2$] 三种矿物，对该岩石进行物相定量分析，即可分析出三种矿物或三种化合物的百分含量，如经分析可知 $CaCO_3$ 质量分数为 13.8%。

　　物相定量分析与元素定量分析是不同的，例如选择 X 射线荧光光谱仪测量时，所得的 Ca 元素含量为 5.50%，但在衍射分析中只能收获 $CaCO_3$ 质量分数 13.8%，而不是 Ca 的含量，当然根据原子量占比，也可由 $CaCO_3$ 计算出 Ca 元素的含量，如根据 Ca 在 $CaCO_3$ 中原子量占比为 40%，从而计算得到 Ca 含量为 5.52%。

　　荧光仪对 Ca 的测量是根据 Ca 被激发出的特征波长信号，直接确认 Ca 元素的存在和含量，但衍射仪对 Ca 的测量必须要先开展物相定性分析，再开展物相定量分析，最后再确认 Ca 元素的含量。因此衍射仪对 Ca 的测量受制于物相定性分析以及物相定量分析的准确性，其影响因素很多，从这一方面讲，衍射技术对 Ca 元素的含量分析不如荧光技术直接和简捷。但荧光技术只能测量元素组成，无法给出化合物的种类和含量，而且受限于荧光仪硬件配置，很多常见的轻元素无法测量，如 C、H、O、N、B、Li 等，衍射技术却不受这方面限制，在荧光仪测量结果的基础上，衍射技术不仅能开展化合物含量或元素含量分析，还能给出晶体微结构变化等更为广泛的信息。因此，衍射技术和荧光技术，或物相定量分析和元素定量分析，并不是彼此独立、毫无联系，而应该是相辅相成的关系。

8.1 物相定量方法概述

8.2 参比强度法

8.3 公式类比与准确度

8.4 参比强度法的限制与扩展

8.5 全谱拟合结构精修法

8.6 Rietveld精修法定量实例

8.1　物相定量方法概述

自飞利浦公司推出第一台商用的 X 射线衍射仪以来，许多物相定量方法都被研究发了出来，如内标法、外标法，增量法、直接对比法、K 值法，以及现如今被广泛应用的参比强度法（RIR 值法）、全谱拟合法等。这些方法均有各自的长处，但也都有一定限制，如内标法需要在样品材料中添加标准物质，外标法对复杂物相体系的样品不适合，参比强度法需要明确每个物相的参比强度值，全谱拟合法则要求必须了解各个物相的晶体结构信息。迄今为止，还未出现一种能适用于所有情况的物相定量方法。

物相定量分析的基础是物相定性分析，几乎所有对物相定性分析有影响的因素，都会对物相定量分析的准确度造成影响，例如衍射峰挨近或重叠时不仅造成物相定性时的 PDF 卡片"位置对应"困难，还会造成物相定量时的衍射峰强度分离困难，又比如晶粒分布择优取向不仅造成 PDF 卡片比对时的"强度对应"存在问题，同时也会造成定量时强度无法代表物相含量的问题。因此衍射技术中的物相定量分析，常被称为"半定量"分析。"半定量"分析，并非指不能开展定量分析，而是指影响因素众多，很难定量掌控这些因素的影响程度。当物相结晶度良好、晶粒分布无择优取向且测量结果峰背比高、信噪比高时，物相定量分析的准确度将大大提高，换算成元素含量其准确度甚至可以与荧光技术、化学分析相媲美。

在各类定量方法中，参比强度法具有无需标样、容易理解、应用简便、程序控制方便等优点，被广泛应用于矿物、材料、冶金、能源等学科专业的工业生产中和科学研究中。此外全谱拟合法（或称全谱拟合结构精修法）在处理峰形重叠、择优取向、晶体微结构等问题方面，具有分析深入、结果准确、综合能力强等优点，已逐渐成为科学研究中的重要工具。本章以参比强度法、全谱拟合法两个物相定量方法为核心内容，重点介绍两个方法的应用原理和经验。

8.2　参比强度法

在 X 射线衍射技术中，平板样品的衍射强度表达如式(8.1) 所示。

$$I = \left[\frac{I_0 \lambda^3 e^4}{32\pi R m^2 c^4 V_0^2} \right] V P F_{HKL}^2 \left(\frac{1 + \cos^2 2\theta}{\sin^2 \theta \cos \theta} \right) e^{-2M} \frac{1}{2\mu} \tag{8.1}$$

式中，I_0 为入射光强度；λ 为入射光波长；e 为电子电荷；R 为衍射圆半径；m 为电子质量；c 为光速；V_0 为单胞体积；V 为 X 射线束辐照体积；P 为多重性因子，F^2_{HKL} 为衍射晶面结构因子；θ 为布拉格角，e^{-2M} 为温度因子；μ 为平板样品的线吸收系数。

令：

$$C = \frac{I_0 \lambda^3 e^4}{32 \pi R m^2 c^4},$$

$$K = \frac{1}{V_0^2} P F^2_{HKL} \left(\frac{1 + \cos^2 2\theta}{\sin^2 \theta \cos \theta} \right) e^{-2M}$$

则：

$$I = CK \frac{V}{2\mu}$$

由 C、K 的定义可知，C 是与测量条件相关的参数，K 是与材料晶体种类和结构相关的参数，μ 为平板样品的线吸收系数，V 为物相体积。

由：

$$V = \frac{\omega}{\rho}$$

可得：

$$I = CK \frac{\omega}{2\mu\rho}$$

ω 为物相质量分数，ρ 为物相密度，ρ 只与物相属性相关，将 2ρ 代入 K 中，此时：

$$K = \frac{1}{V_0^2} P F^2_{HKL} \left(\frac{1 + \cos^2 2\theta}{\sin^2 \theta \cos \theta} \right) e^{-2M} \frac{1}{2\rho}$$

则：

$$I = CK \frac{\omega}{\mu} \tag{8.2}$$

由式（8.2）可知，混合物相材料中，各物相衍射峰强度随该相含量的增加而增加，但由于各物相组成和晶体结构的不同，导致物相衍射峰强度无法"真实"代表其质量分数，要想获得物相的准确含量，还需要根据各物相组成和性质对其强度进行修正。

假设材料样品中只含有 a、b 两个物相，则根据式（8.2）可以获得：

$$I_a = CK_a \frac{\omega_a}{\mu}$$

$$I_b = CK_b \frac{\omega_b}{\mu}$$

其中 K_a、K_b 为与 a、b 物相组成元素和晶体结构相关的参数，C 为与测量条件相关的参数，μ 为平板样品的线吸收系数。由上可得：

$$\frac{I_a}{I_b} = \frac{\omega_a}{\omega_b} K_{ab} \tag{8.3}$$

其中：

$$K_{ab} = \frac{K_a}{K_b}$$

在式(8.3) 中，I_a、I_b 为 a、b 物相的衍射峰强度，从衍射图中可以直接获得，如果能获知 K_{ab} 系数的大小，那么 a、b 物相的质量分数比例将能通过式(8.3)直接计算，再进一步则能计算出两个物相的质量分数，但 K_{ab} 不易直接求得。

1974 年，F. H. Chung 等人为解决 K_{ab} 的计算问题，特引入已知的标准物质 c，此时 K_{ab} 可以变形为：

$$K_{ab} = \frac{K_{ac}}{K_{bc}} = \left(\frac{I_a}{I_c} \middle/ \frac{\omega_a}{\omega_c} \right) \div \left(\frac{I_b}{I_c} \middle/ \frac{\omega_b}{\omega_c} \right)$$

将 c 标准物质与 a 纯物相材料按质量比 1∶1 混合均匀，并经 XRD 测量后得到混合材料的衍射图，则 K_{ac} 等于 a 物相与 c 物相衍射峰的强度比 I_a/I_c，同理可知 K_{bc} 即为 b 物相与 c 物相衍射峰的强度比 I_b/I_c，从而可以得到 K_{ab} 的大小，并最终通过式(8.3) 计算得到 a、b 物相的质量分数。

由上述分析可知，解决质量分数求取的关键在于 c 标准物质的引入，以及按质量比 1∶1 混合对式(8.3) 的简化处理。令 $K_{xc} = K_x$，则 K_x 即为在 c 作为标准物相时，能代表 x 物相组成和结构特性并可用于定量计算的系数。当材料中物相定性分析出的各个物相均能通过此方法获得各自的 K_x 值时，物相定量分析将变得简单，该方法即为 Chung 等人开发的"K 值法"，也被称为基体冲洗法。

在对式(8.2) 简化形变后，可推导获得参比强度法定量公式，如式(8.4) 所示。

$$W_a = \frac{I_a}{RIR_a} \times \left(\sum_{k=1}^{n} \frac{I_k}{RIR_k} \right)^{-1} \tag{8.4}$$

式(8.4) 中 W_a 为 a 物相的质量分数，I_a 为 a 物相特定衍射峰强度，RIR_a 为对应 a 物相该特征衍射峰的 RIR 值（$RIR_a = K_a$，也称为参比强度值），I_k 为 k 物相特定衍射峰强度，RIR_k 为对应 k 物相该特征衍射峰的 RIR 值。

为方便应用，式(8.4) 中的参比强度值特作如下规定：取某物相纯物质粉末与刚玉粉末（$\alpha\text{-}Al_2O_3$）按质量分数比例 1∶1 混合均匀，将混匀样品在 X 射线衍射仪上开展测量，在收获的衍射结果图中将代表该物相的"最强衍射峰"的强度除以刚玉"最强衍射峰"的强度，所获得的比值即为 RIR 值。

目前 ICDD 出版发行的无机物和金属 PDF 标准卡片数据库中，有超过 2/3 的卡片均带有物相的 RIR 值（也被写作 I/I_c，此时 I 为纯物相最强衍射峰的强度，I_c 为刚玉物相最强衍射峰的强度），因此利用参比强度法开展物相定量计算时，大多数情况下物相的 RIR 值只需要从 PDF 卡片上直接读取即可。

式（8.4）中的未知量除了待计算的质量分数外，只有物相衍射峰的强度以及 RIR 值，衍射峰强度可以从衍射结果中提取，RIR 值也可从检索到的卡片中直接读取。此外，式（8.4）是经过严格数学推导获得，从而利用式（8.4）开展物相定量分析，不仅大大提高了分析效率，还能严格保证定量结果的准确性，因此参比强度法受到了广泛推广和应用。

8.3 公式类比与准确度

8.3.1 公式类比

为更好地理解参比强度法中各因素的数学关系，参考衍射强度公式（8.1）和定量公式（8.2），特做以下假设：

（1）在同一个样品中，各物相的衍射峰强度 I，等于只与物相属性有关的权重因子 K 乘以只与含量 ω 有关的"净强度"I_0（I_0 包含测量因子 C、样品线吸收系数 μ）。

（2）权重因子 K 包含：结构因素、晶面多重性因素、线吸收因素、温度因素、洛伦兹因素等。

根据以上假设，可以得出：

$$I = K \times I_0$$

从而：

$$I_0 = \frac{I}{K} \tag{8.5}$$

将式（8.5）与式（8.4）进行类比，可得：

$$K = RIR$$

从而：

$$I_0 = \frac{I}{RIR} \tag{8.6}$$

根据式（8.5）、式（8.6），参比强度法定量公式可以理解为如下物理意义：
①某一物相的质量分数，等于该物相由其含量引起的净强度除以所有物相因各

自含量引起的净强度之和；②各物相因各自含量引起的净强度，等于该物相对应的最强衍射峰的强度除以其参比强度 RIR 所得的商。

从而，参比强度法定量分析的步骤可转化为：①定性分析，确认所有衍射峰的归属；②获取各物相最强衍射峰的强度，并查询 PDF 卡片获得各自的 RIR 值；③求解所有物相仅由含量引起的净强度；④求解各物相净强度在所有净强度总和中的百分比，即为各物相质量分数。

当样品材料中存在非晶物相或某一未知物相时（如物相卡片中不存在 RIR 值时），可以采用向样品中添加已知标准物质的方法（内标法），求解各晶体物相和非晶物相的百分含量，如式(8.7)、式(8.8) 所示。

$$W_k = \frac{\dfrac{I_{ks}}{RIR_k}}{\dfrac{I_{ss}}{RIR_s}} \times \frac{W_s}{1-W_s} \tag{8.7}$$

$$W_u = 100\% - \sum_{k=1}^{n} W_k \tag{8.8}$$

式中，I_{ks} 为添加已知含量标准物质的混合样品经衍射测量后 k 物相的最强衍射峰强度；I_{ss} 为添加已知含量标准物质的混合样品经衍射测量后标准物质物相的最强衍射峰强度；W_k 为 k 物相在原样品中的质量分数；W_s 为添加标准物质的混合样品中标准物质的质量分数；W_u 为未知物的质量分数。

8.3.2 定量准确度

根据式(8.4) 可知，影响参比强度法结果准确度的只有衍射峰强度和 RIR 值，因此如何获取衍射峰的准确强度，以及如何获得物相准确的 RIR 值，是影响该方法准确度的关键步骤。

衍射峰的强度常用其净高度（扣除背景后的高度）或积分面积表达。在 RIR 值被写入 PDF 卡片的早期年代，RIR 值的获得是根据物相最强衍射峰的高度和刚玉衍射峰的高度进行比例计算的，所以参比强度法可以利用衍射峰净高度进行计算。但实际分析时，只用高度往往无法准确表达衍射峰的强度，尤其当不同物相的衍射峰的宽度发生改变时。实际工作中，除了晶体微结构会导致衍射峰宽度发生变化外，物相组成、结构等属性不同，也会引起只与样品本身有关的"本征宽度"发生改变，此时要准确表达衍射峰的强度，除了高度外还必须考虑宽度因素，这种情况下使用衍射峰的积分强度将更准确。

一般情况下，只要测量图谱中各类物相的衍射峰的半高宽差别不显著，使用衍射峰高度或积分面积来表达衍射峰强度，对参比强度法定量的准确度影响不大，但当图谱中存在半高宽显著不同的物相时，如纳米物相，此时高度对定量分析而言已失去实际意义，可以使用积分强度进行定量分析。需要指出的是，影响定量准确度的衍射峰强度因素，还受仪器宽度的影响。

RIR 值，也称 I/I_c 值，一般情况下可以在 PDF 卡片中直接读取。但在 PDF 卡片集中常常存在不同年代制作的同一物相的标准卡片，而且每张卡片上都带有或相近或不同的 RIR 值，由于很难评价哪一张卡片最"标准"，因此 RIR 值的选择也存在困难。通常情况下，这些卡片上的 RIR 值都可以作为"准确值"的参考，从概率来看，RIR 值或相近的 RIR 值出现频次最多的卡片，代表着不同年代的学者得到了相似的答案，这样的卡片中的 RIR 值往往准确性更高，例如同一个物相在 PDF 卡片集中有 10 张卡片，抛开最大 RIR 值和最小 RIR 值之后，出现频次最多的或彼此最接近的 RIR 值，即为所需要的最佳 RIR 值。

当然，如果能得到纯物相的标准样品（具体参考第 5 章 5.4 节要求）以及刚玉标准样品，并且有较好的混匀工艺，直接测量计算所获得的第一手 RIR 值才应该是最适合的 RIR 值。

实践证实，当样品属性、制备工艺、测量工艺、卡片选择等条件都较好时，参比强度法计算偏差能控制在 1% 以内。但当这些条件发生变化时，尤其被影响的衍射峰的强度无法继续代表该物相含量时，参比强度法定量准确度将受到严重影响。

8.4 参比强度法的限制与扩展

根据参比强度法的定义，PDF 卡片上记录的 RIR 值是根据物相最强衍射峰的强度计算的，当多物相混合时，某物相原本的最强峰（与 PDF 卡片最强线对应）可能因峰形重叠、择优取向等，导致其强度发生异常，从而该衍射峰的强度将无法代表该物相的含量，此时使用参比强度法定量分析将产生显著偏差。但这不代表参比强度法就不能使用。

因各种因素导致，物相原本最强衍射峰的强度发生了改变，说明代表该物相属性的 RIR 值也要随之发生改变，例如对于工业中稳定工艺的生产过程而言，同一批次不同产品的同一物相其择优取向程度一般相似，即该物相衍射峰的强度分布趋势基本一致，此时只需在参比强度法基本公式中填入一个合适的 RIR 值，也能收获准确度较好的物相定量结果。此时的 RIR 值，将不再是 PDF 卡片上的值，而是根据衍射峰强度分布的实际情况进行修订之后的取值。

RIR 值的修订，可以采用式(8.7)、式(8.8) 所示的内标法反向计算（将需要修订 RIR 值的物相列为未知物相，利用添加标准样品的方法计算未知物相的百分含量，再对应该物相的某个衍射峰，求出修订之后的 RIR 值）。RIR 值一旦求出，不同样品中只要该物相衍射峰的强度分布规律基本一致，即可直接使用该修订的 RIR 值填入参比强度公式中，开展物相定量计算。

当物相衍射峰强度分布规律未受影响，但 PDF 卡片中却不存在 RIR 值时，参比强度法将因缺少重要参数而无法计算。PDF 卡片上不存在 RIR 值，往往表示着这样的纯物相也很难获得，即难以通过添加刚玉标样自行计算 RIR 值，这种情况下，只需假设一个 RIR 值，参比强度法便可以正常开展计算，当然为减小定量偏差，所假设的 RIR 值必须通过仔细修订后才能正常使用。

由上可知，RIR 值与物相属性以及衍射峰强度分布规律息息相关，当衍射峰强度分布发生变化时，RIR 值也将随之发生改变。深入理解 RIR 值的物理意义，势必有助于控制物相定量偏差。

（1）当不同物相具有相同质量分数时，RIR 值越大，产生的最强衍射峰越强。

（2）当不同物相最强衍射峰强度相同时，RIR 值越大，物相的质量分数越低。

（3）RIR 值越小，能给出有效衍射峰的最低含量越大；RIR 值越大，能给出有效衍射峰的最低含量越小，因此对不同 RIR 值，衍射测量的检出限不同。

对一些特殊物相，例如层状晶体结构的蒙脱石，其最强衍射峰的强度受其晶型特征的影响，无法使用一个固定的 RIR 值来衡量，此时可以考虑建立 RIR 的变化曲线，以适应蒙脱石的定量分析。

8.5　全谱拟合结构精修法

8.5.1　历史发展

1967 年，荷兰 Petten 反应堆中心的 Rietveld 在用中子多晶体衍射数据处理晶体结构时提出了全谱图拟合精修法：依据已知的晶体结构数据计算一张理论多晶衍射谱，把理论谱与实验测量得到的衍射谱进行比较，根据差异修改所使用的理论结构模型，再计算再比较再修改，直至两者差异最小，此时被修改了多遍的结构模型即为样品的实际结构。

1977—1979 年，Young 等人将 Rietveld 提出的全谱拟合精修法引入到多晶 X 射线衍射分析过程中，开启了衍射数据处理变革时代，Rietveld 分析方法得到了迅速发展。

20 世纪 80~90 年代，随着衍射仪器和同步辐射技术的发展，以及高性能计算机的广泛应用，Rietveld 分析方法逐渐被用于处理多晶衍射图中的信号重叠问题，解决了粉末衍射技术中由有效数据太少导致无法开展电子云密度计算的问题，使得 Rietveld 分析方法不仅能用于对晶体结构进行修正，还可用于晶体结构的从头测定，以及扩展用于物相定性定量、纳米晶粒度与微观应变、织构极图分析等各个方面。

8.5.2 Rietveld 精修原理

根据 Rietveld 分析方法，某衍射峰（hkl）的衍射净强度可以写为：

$$Y_{hkl} = G_{hkl} \times I_{hkl} \tag{8.9}$$

式中，I_{hkl} 为衍射峰强度；G_{hkl} 为峰形函数，常使用的峰形函数有高斯函数、柯西函数、Pearson Ⅶ 函数、Voigt 函数、Pseudo-Voigt(PV) 函数等。

根据衍射强度基本式(8.1)，I_{hkl} 可以简写为：

$$I_{hkl} = SL_{hkl} P_{hkl} |F_{hkl}|^2 A(\theta) \tag{8.10}$$

式中，S 为物相的标度因子或比例因子；L 为洛伦兹因子与多重性因子的乘积；P 为择优取向因子；F 为结构因子（含温度因子）；$A(\theta)$ 为吸收因子。

将式(8.10)代入式(8.9)，可得衍射图上任意位置（2θ）处的计算强度，见式(8.11)。

$$Y_{(2\theta,C)} = Y_{(2\theta,b)} + \sum SL_{hkl} P_{hkl} |F_{hkl}|^2 A(\theta) G_{hkl} \tag{8.11}$$

其中 $Y_{(2\theta,C)}$ 为 2θ 位置处的计算强度；$Y_{(2\theta,b)}$ 为背景强度。

Rietveld 分析方法是将衍射强度计算值和实测值进行逐点比较，并逐渐调整峰形参数和结构参数，在最小二乘法基础上，使衍射强度计算值与实测值符合良好，计算残差 M 为：

$$M = \sum W[Y_{(2\theta,O)} - Y_{(2\theta,C)}]^2 \tag{8.12}$$

式(8.12) 中 $Y_{(2\theta,O)}$ 为实测强度，W 为基于统计的权重因子。当 M 值达到最小值时，精修循环完成。

评价 Rietveld 精修循环是否完成，一般使用 R 因子，R 因子越小，残差 M 越小，计算强度与实测强度符合越好，修正后的晶体结构准确性越高。常见的 R 因子如下。

全谱因子（Profile factor）：

$$R_P = \frac{\sum |Y_{iO} - Y_{iC}|}{\sum Y_{iO}} \tag{8.13}$$

加权全谱因子（Weight profile factor）：

$$R_{wp} = \left[\frac{\sum w_i (Y_{iO} - Y_{iC})^2}{\sum w_i Y_{iO}^2} \right]^{1/2} \tag{8.14}$$

期望因子（Expected weight profile factor）：

$$R_{exp} = \left[\frac{N-P}{\sum w_i Y_{iO}^2} \right]^{1/2} \tag{8.15}$$

拟合度因子（Goodness of fit indicator）：

$$GofF = \frac{\sum w_i (Y_{iO} - Y_{iC})^2}{N-P} = \left[\frac{R_{wp}}{R_{exp}} \right]^2 = \chi^2 \tag{8.16}$$

式(8.13)～式(8.16)中，W_i 为统计权重因子；Y_{iO} 为 i 位置处的实测强度；Y_{iC} 为 i 位置处的计算强度；N 为衍射图谱中数据点的数量；P 为拟合精修时可变参数的数量。

8.5.3 Rietveld 物相定量原理

参考平板样品的衍射强度公式(8.1)，令：

$$S_j = \frac{I_0 \lambda^3 e^4}{32\pi R m^2 c^4} \left(\frac{V}{V_0^2} \right)_j = C \frac{V_j}{V_{0j}^2} \tag{8.17}$$

式中，C 为与测量条件相关的参数；V_{0j} 为 j 物相单胞体积；V_j 为 j 物相体积。体积是质量与密度的比值，因此：

$$V_j = \frac{m_j}{\rho_j} \tag{8.18}$$

$$V_{0j} = \frac{Z_j M_j}{\rho_j} \tag{8.19}$$

式中，m_j 为 j 物相质量；ρ_j 为 j 物相密度；Z_j 为 j 物相单胞分子数（或质点数）；M_j 为 j 物相原子量。

将式(8.18)～式(8.19)代入式(8.17)，得 j 物相质量为：

$$m_j = \frac{(SZMV_0)_j}{C} \tag{8.20}$$

由式(8.20)可得 j 物相在多物相样品中的质量分数为：

$$W_j = \frac{m_j}{\sum m_i} = \frac{(SZMV_0)_j}{\sum (SZMV_0)_i} \tag{8.21}$$

在式(8.21)中，只要求出每个物相的 S，即可求得任一物相的质量分数 W。在 Rietveld 精修过程中，S 被称为标度因子，是一个可以精修的变量参数，精修完成后可以得到任一物相的 S 值，从而可以获得任一物相的质量分数。

8.6 Rietveld 精修法定量实例

1979 年，Young 等人发表了第一个用于 X 射线粉末衍射数据拟合精修的软件 DBWS，之后出现了如 GSAS、MAUD、Fullprof 等许多专业拟合精修软件，以及将 Rietveld 拟合精修功能作为嵌入模块的大型综合分析软件，如 JADE、Highscore plus、Smartlab studio 等。

在众多拟合精修软件中，MAUD(Material Analysis Using Diffraction) 软件具有以下优点：

（1）功能比较齐全，除了带有其他软件的一般功能外，还带有晶体微结构分析功能，如晶粒尺寸、微观应变、残余应力、织构极图等；

（2）使用"非球形"解决晶粒形状各向异性导致的衍射峰强度分布异常问题；

（3）软件操作简单，输出结果直观易懂。

本节以 MAUD 软件为例，简单介绍利用 Rietveld 拟合精修法开展物相定量分析的过程。

MAUD 软件打开界面如图 8.1 所示。其中项目输入区域：可以输入需要分析的实测图谱、晶体结构文件（cif 格式），配合"观察"功能，可以对输入的图

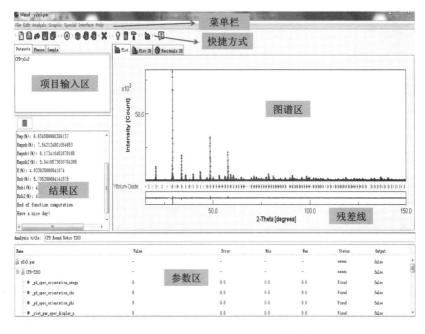

图 8.1 MAUD 软件打开界面及各区域功能

谱和文件进行信息编辑，在精修结束后，还可以输出定量结果、晶胞参数、晶体各向异性等结构信息。结果区域：可以呈现拟合精修的各类效果指标、定量结果、迭代次数等信息。图谱区域：主要呈现测量图谱、计算图谱以及二者的符合效果，还有卡片衍射线位置、残差线等信息。参数区域：可以实时观察和编辑仪器参数、背景参数、标度因子预设值、晶体结构参数等信息。

8.6.1 测量图谱和晶体文件输入

单击菜单栏中的 File，在弹出的菜单中，单击 Open analysis，在存储文件夹中，双击已存储好的 par 文件，如此屏幕上即可显示以往的某个分析过程。当然，也可以单击 Load datafile，直接打开某个需要分析的数据。但先打开 par 文件，会直接载入已设定好的背景参数或默认参数，要分析测量数据，只需要将 par 文件中的已有数据替换成测量数据即可，背景参数无需再行设定。实际界面如图 8.2 所示。

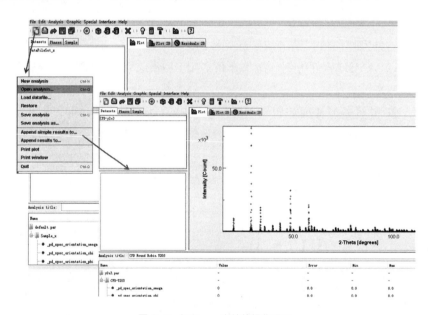

图 8.2 打开 par 文件的操作界面

打开 par 文件后，单击项目输入区域中的 Datasets 选项，选中其中的文件名称，单击"观察"功能（◉），在弹出的界面上单击 Datafiles 选项，选择 Browse 功能将待分析的测量数据调入，同时删除已有的数据文件，图谱区域将显示新的实验图，如图 8.3 所示。

单击项目输入区域中的 Phases 选项，选中已有的物相名称，使用快捷方式中的"×"（Remove）将其逐一删除，再单击快捷方式栏中的"⬛"，将已准备好的各物相的晶体结构数据（cif 格式）逐一调入程序中，如图 8.4 所示。

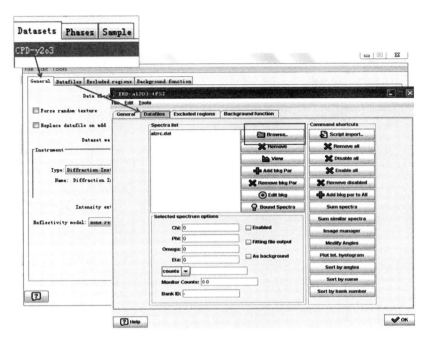

图 8.3 调入待分析的测量图谱

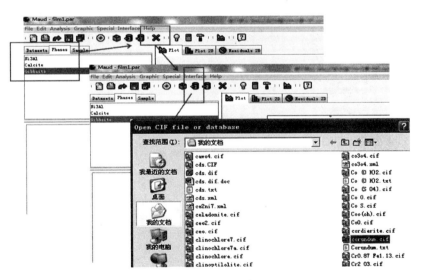

图 8.4 晶体结构文件导入

8.6.2 晶体基本参数编辑

单击项目输入区域中的 phases 选项，选中需要编辑的晶体名称（或物相名称），再单击"观察"功能（◉），对各个输入的物相晶体参数进行编辑。

（1）晶型结构编辑：对各个物相晶体的点阵类型、空间群、晶胞参数进行编辑，如图 8.5 所示。

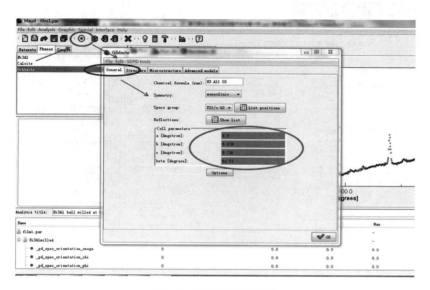

图 8.5 晶体结构信息编辑

（2）晶体组成编辑：对晶体组成元素、原子占位、原子坐标、温度因子等信息进行编辑，如图 8.6 所示。

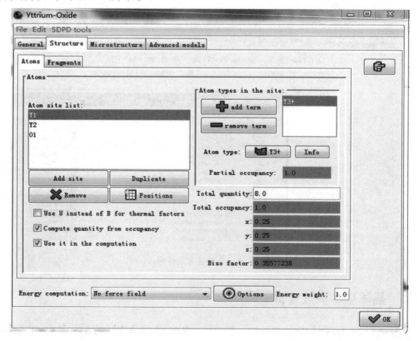

图 8.6 晶体组成编辑

（3）晶体微结构编辑：对晶体各向同性、各向异性、微观应变、纳米晶粒尺寸进行编辑，如图 8.7 所示。

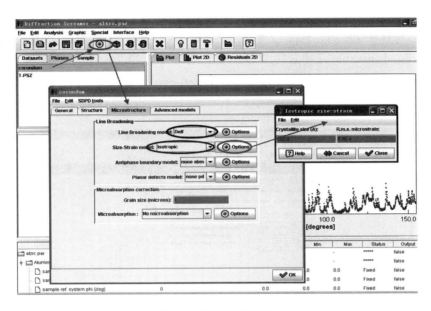

图 8.7 晶体微结构编辑

（4）应力织构模型编辑：可以对织构模拟函数、晶体劳厄群、残余应力等信息进行编辑，如图 8.8 所示。

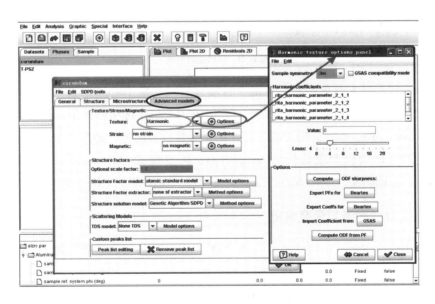

图 8.8 应力织构模型编辑

8.6.3 拟合参数编辑

（1）背景函数参数编辑。单击项目输入区域中的 Datasets 选项，选中输入的数据文件名称，再单击"观察"功能（◉），在打开的对话框中单击 Background function 选项，对背景参数进行编辑。例如一般选择多项式函数（Polynomial），可以选择 add parameter 和 remove parameter 功能中增加或删除多项式函数的子项。如图 8.9 所示。

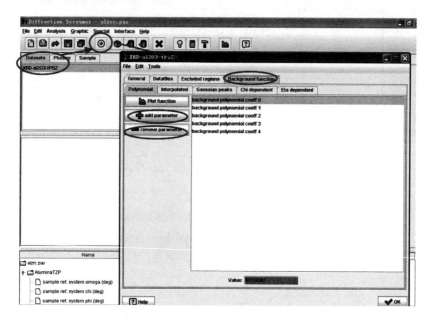

图 8.9 背景函数编辑

（2）仪器基本参数编辑。单击项目输入区域中的 Datasets 选项，选中测量数据文件名，再单击"观察"功能（◉），在 General 选项面板中，找到 Instrument 区域，单击 Edit 选项功能，打开仪器参数设置面板，如图 8.10 所示。

此时可以编辑测量几何（Geometry）、测量模式（Measurement）、射线源（Source）、探测器（Detector）、仪器宽度模型（Instrument Broadening）等。

8.6.4 计算图谱与深度编辑

单击快捷方式栏中的计算器功能"▤"，在已有的拟合参数、物相晶体结构参数条件下，计算出理论的衍射图。如图 8.11 所示。

由图 8.11 可知，计算图谱的初始强度一般远低于测量图谱，这种情况不利于后期的拟合精修，因此需要将二者的强度调整到相互接近的程度，在参数区域找到

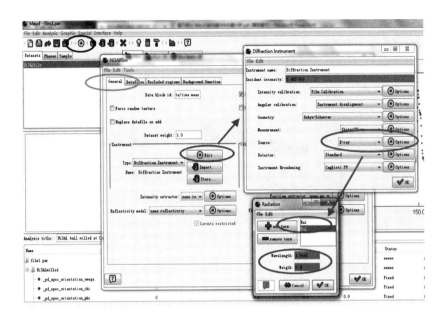

图 8.10 仪器参数编辑面板

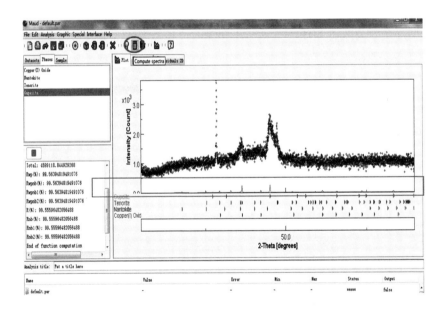

图 8.11 计算图谱

Diffraction instrument 参数，修改 " _ pd _ proc _ intensity _ incident" 参数的值，如果计算图谱强度小于测量图谱，将该值调大，如果计算图谱强度大于测量图谱，将该数值调小。如图 8.12 所示。

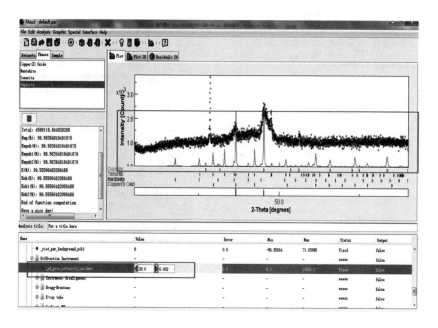

图 8.12 调整计算图谱强度

　　将计算图谱与测量图谱比较，当发现二者在某些衍射峰位置存在显著偏移时，说明晶胞参数等参数还需要进一步调整，否则将因为峰位置的显著偏移导致拟合不收敛。如图 8.13 所示。

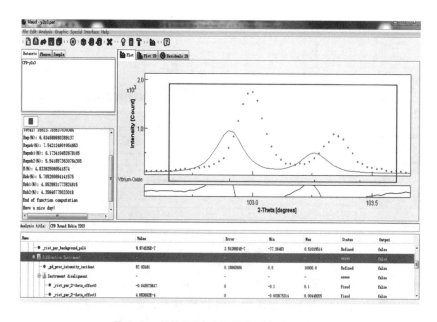

图 8.13 计算图谱与测量图谱衍射峰位置偏移

经调整晶胞参数后，偏移现象得到了显著校正，如图 8.14 所示。

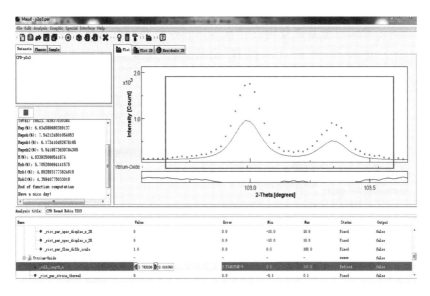

图 8.14 衍射峰位置得到校正

8.6.5 全谱拟合与定量

在菜单栏中单击 Analysis 选项，在下拉菜单中单击 Wizard，打开 MAUD 中的全谱拟合集成窗口，如图 8.15 所示，依次执行。一般情况下，执行前七次精

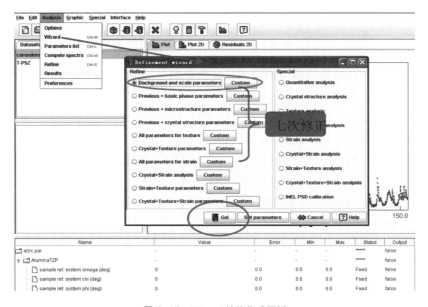

图 8.15 Wizard 精修集成面板

修即可，执行精修过程中，可以即时观察图谱中的修正动态过程。

完成第一轮精修后，如果存在多个峰拟合计算的强度与测量图谱强度存在偏差，可以考虑原因可能是晶粒生长存在各向异性导致，此时选中 Phases 栏中的物相晶体，使用观察工具，打开 Microstructure 面板，将其中的 Line Broadening model 的值设置成 Popa LB，再将 Size-Strain model 的值修改为 Papa rules，再次执行一轮七次精修，观察精修效果。晶体生长各向异性的参数修改如图 8.16 所示。

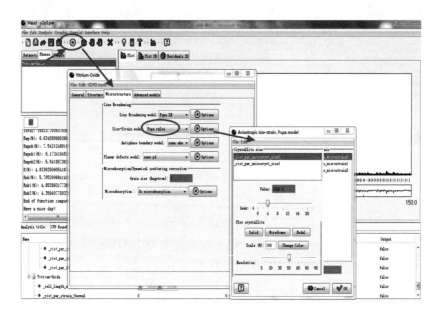

图 8.16 晶体各向异性参数调整

如果依旧存在计算图谱中的衍射峰强度与测量图谱偏差显著的情况，可以再对晶体进行织构参数调整，如图 8.8 所示。需要注意的是，当选择 Harmonic 进行织构调节时，在 Options 选项中所输入的 Sample symmetry 为劳厄群，劳厄群与空间群、点群之间的对应关系，可以查阅相关文献获得。

经过多次参数调整和拟合精修后，观察结果区域中的 R_w 值是否降至 15% 以下（图谱质量好，拟合效果好，R_w 值能控制在 10% 以内），sig 值是否能控制在 1～2 范围内，此时单击菜单栏中的 Analysis，在下拉菜单中单击 Options，在弹出的面板中将 "Store structure factors in ……" 勾选，并单击 OK，再单击菜单栏中的 File，把精修后的模型参数以 par 格式保存下来。

8.6.6 结果输出

在项目输入区域，单击 Sample，选择 Sample 面板内的数据文件名，单击

"观察"功能（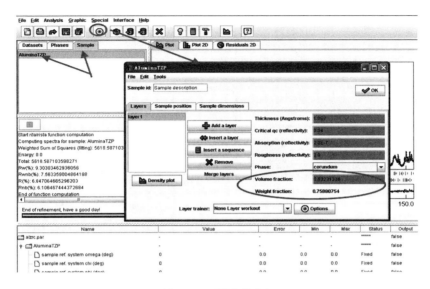），可以观察经结构精修之后的各物相的质量分数或体积分数，如图 8.17 所示。

图 8.17　质量分数观察

除了物相质量分数外，单击 Phases 栏，选择其中需要观察的物相，单击"观察"按钮，在弹出的窗口中点 Show list，还可以观察各物相不同 hkl 晶面法线方向的晶粒尺寸与微观应变值，如图 8.18 所示。

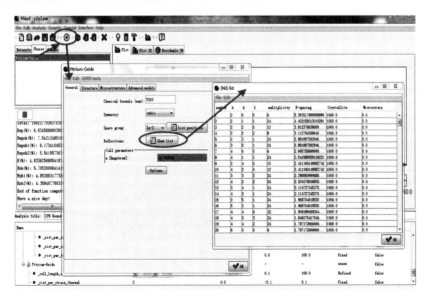

图 8.18　物相微结构观察

单击 Phases 栏，选择需要观察的物相文件，单击观察按钮，在弹出的窗口中选择 Microstructure 栏，单击 Size-Strain model 后面的 Options，还可以观察各向异性生长的晶粒三维形貌，如图 8.19 所示。

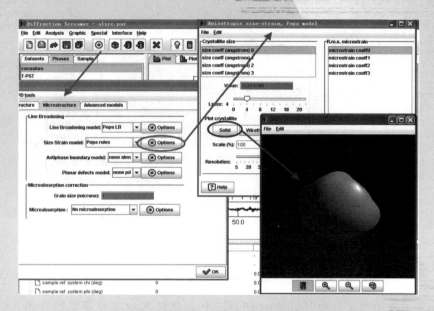

图 8.19　各向异性生长的晶粒形貌观察

第 9 章

衍射线形分析

衍射数据是晶体材料在倒易空间的特征反映，衍射数据中的任何变化，都与材料的物相组成、晶体结构等信息密切相关。 例如，衍射峰的位置反映了物相种类，分析衍射峰位置的变化，可以研究材料中的元素扩散和相变过程，衍射峰的强度（或高度）反映了物相含量，分析衍射峰强度的变化，可以研究物相含量随工艺参数的变化过程。

衍射线形也是衍射数据中的重要参数，分析衍射线形的变化，可以研究材料中的纳米晶粒尺寸、微观应变、结晶度等微结构信息。本章主要介绍衍射线形的分析原理、计算过程、线形拟合、注意事项等内容。

9.1 衍射线形

9.2 纳米晶粒引起的半高宽

9.3 微观应变引起的半高宽

9.4 两种效应引起的综合半高宽

9.5 衍射线形与结晶度

9.6 拟合分峰处理

9.7 结晶度的计算方法

9.1 衍射线形

线形即衍射信号点组成的"峰形"，包含衍射峰宽度、衍射峰对称性以及衍射峰高度、积分面积等内容。一般情况下，衍射峰宽度是由测量几何、纳米晶体、微观应变等原因造成，对称性则与测量几何、测量参数、孪晶密度等因素有关，衍射峰高度受物相组成和晶体结构影响，积分面积则是衍射峰宽度、高度、对称性等因素的综合反映。

在衍射仪上测量得到的衍射峰都具有一定的宽度，在扣除仪器本征宽度的情况下分析衍射峰宽度的变化，可以定量获知造成衍射峰宽化的原因或晶体缺陷，从而对材料内部信息进行深入分析。此处的仪器本征宽度，也称为仪器宽度或仪器展宽（Instrument broadening），一般采用标准样品测量得到。

理想衍射峰与实际衍射峰的对比如图 9.1 所示。

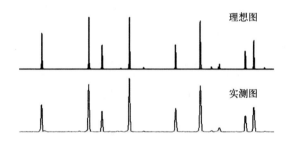

图 9.1 理想衍射峰与实测衍射峰

衍射峰之所以存在宽度，而非理想化的"线"，与很多因素有关。以 Bragg-Brentano "准聚焦"测量几何为例，测量几何对衍射峰宽度的影响，如图 9.2 所示。

如图所示，由 X 射线管出射（图中 F 点）的 X 射线是发散的，因此 $\theta_1 > \theta_2$，假设产生衍射峰的布拉格角为 θ_0，则当 $\theta_1 = \theta_0$ 时，θ_1 角度的 X 射线率先产生衍射现象，衍射光进入探测器产生电脉冲计数，但发散的 X 射线束中其他角度（含最小值 θ_2）尚未达到 θ_0，因此不满足衍射的几何条件，从而无法产生衍射信息。但随着 X 射线角度的持续增加，入射 X 光束中 $\theta_1 > \theta_0$，θ_1 偏离布拉格角 θ_0，从而无法继续产生衍射，但 X 光束中低于 θ_1 的射线束开始逐渐满足布拉格角，从而产生干涉信号，直至 $\theta_2 = \theta_0$，在最终收获的衍射图中衍射峰起始角为 $2\theta_1$（当 $\theta_1 = \theta_0$ 时），衍射峰终止角为 $2\theta_2$（当 $\theta_2 = \theta_0$ 时），因为 $\theta_1 \neq \theta_2$，因此衍射峰存在宽度。不同入射角度的光束产生的衍射强度不同，这与光束中光子密度分布有关。

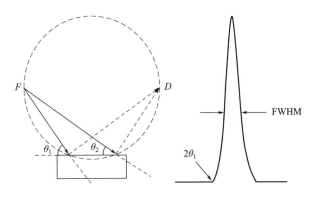

图 9.2 测量几何引起的衍射峰"宽化"现象

为准确衡量衍射峰的宽度，特定义衍射峰净高度一半时的宽度为衍射峰的半高宽，也称为半峰宽，即 Full Width at Half Maximum，简称 FWHM。

9.2 纳米晶粒引起的半高宽

不同颗粒尺寸的粉末样品，在同等测量条件下所得的测量结果如图 9.3 所示。

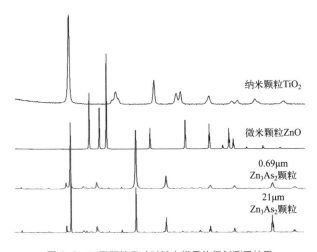

图 9.3 不同颗粒尺寸时粉末样品的衍射测量结果

粉末样品由一个个粉末颗粒组成，粉末颗粒中又包含几个、几十个甚至更多个晶粒。当颗粒直径由微米尺寸缩小到纳米尺寸时，其内所含的晶粒尺寸自然更加细小，纳米尺寸的晶粒在倒易空间中会造成衍射斑点尺寸增大，在衍射图中表现为衍射峰宽度增加，这种现象常被称为"纳米宽化"。

纳米宽化的原因，可由倒易数学原理解释，此处不做详述。根据倒易数学，某个特定晶面的衍射斑点（或衍射峰顶位置）的取值范围如式(9.1) 所示。

$$\begin{cases} \varepsilon = H \pm \dfrac{1}{N_1} \\[2mm] \eta = K \pm \dfrac{1}{N_2} \\[2mm] \delta = L \pm \dfrac{1}{N_3} \end{cases} \qquad (9.1)$$

式中，ε、η、δ 为晶面倒易阵点（衍射斑点）的三维空间实际坐标（或流动坐标）；H、K、L 为满足布拉格定律的倒易阵点坐标；N_1、N_2、N_3 为空间坐标系三轴方向的晶胞数；$N_1 \times N_2 \times N_3$ 即为一个晶粒中的晶胞总数。

当晶粒在三轴方向晶胞数无限多时，如微米尺寸或更大尺寸的晶粒，此时 $N_1 \rightarrow \infty$、$N_2 \rightarrow \infty$、$N_3 \rightarrow \infty$，此时 $\varepsilon \approx H$、$\eta \approx K$、$\delta \approx L$，即衍射坐标为三维空间坐标系中的一个点，在衍射仪上将收获一个宽度非常小的衍射峰；当三轴方向晶胞数不是无限多时，N_1、N_2、N_3 将是一个特定的数值，从而导致 ε、η、δ 在偏离点（HKL）位置的 $1/N$（不再等于 0）宽度范围内取值（取值范围为球面），即此时的衍射坐标构成一个三维体积，在衍射仪上将收获一个宽度比较大的衍射峰，如图 9.4 所示。

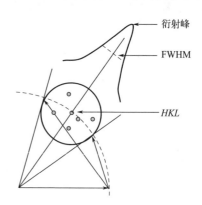

图 9.4 倒易点（HKL） 向倒易体的变化

晶体尺寸的变化引起倒易点（或衍射点）分布状态的变化，是纳米宽化的根本原因，如图 9.5 所示。

（1）当晶体某一个坐标轴方向为纳米尺寸时，该方向的晶胞数有限，从而该方向的倒易点将分布在较大区域内，由于另外两个坐标轴方向晶粒尺寸未减小到纳米级，则在该两个方向可视为晶胞数量无限多，在倒易空间中形成倒易点，最终该类晶体形成的倒易像为线状。

（2）当材料晶体两个坐标轴方向为纳米尺寸时，该两个方向将构成倒易平面，晶体在第三个坐标轴方向未达到纳米级，晶胞数量可视为无限多，则该单方向在衍射条件下将形成倒易点，最终形成的倒易像为无限薄的大平面。

（3）当三个坐标轴方向均为纳米尺寸时，三轴方向晶体的倒易点均分布在一个区域内，最终形成的倒易像为立体（具有一定长宽高）。

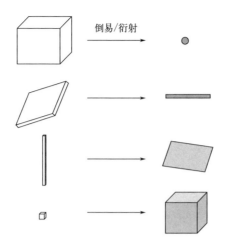

图 9.5 晶体在实空间的尺寸（ 形状 ） 与倒易空间的转换关系

纳米宽化现象，受晶粒纳米尺寸、入射光强度、入射光波长、探测器灵敏度等因素的影响，在结构精修等分析计算时，常将临界晶粒尺寸设为 $1\mu m$（经验上，有时也以 $2\mu m$ 为临界），即在实验室衍射仪测量条件下，当晶粒尺寸小于 $1\mu m$ 时，能观察到衍射峰宽化现象。

1918 年，谢乐（Scherrer）在布拉格公式基础上推导出了著名的谢乐公式，见式(9.2)。

$$D = \frac{K\lambda}{\eta\cos\theta} \tag{9.2}$$

式中，D 为垂直于反射晶面方向的纳米晶粒尺寸；λ 为 X 射线波长；β 为由晶粒纳米尺寸引起的衍射峰半高宽；K 为谢乐常数。

K 与晶粒形状有关，谢立亚可夫指出 K 为 0.94，布拉格认为 K 应取值为 0.89。一般条件下，在假设晶粒形状为球形时，K 可以近似取 1。

晶粒纳米尺寸引起的半高宽 β，谢乐建议 $\beta = B - B_0$，B 为样品实测衍射峰半高宽，B_0 为当晶粒尺寸为 $1\mu m$ 时的实测半高宽，为方便使用，B_0 常被定义为仪器本征宽度，可以用标准样品测量获得；此外，部分学者建议使用式(9.3)求取 β。

$$\beta = \sqrt{B^2 - B_0^2} \tag{9.3}$$

需要指出的是，利用差值计算的结果与利用平方差计算的结果是不同的，利用平方差计算的 β 会更大，从而所得到的晶粒尺寸会更小，此外，在谢乐公式中需要将测量所得的半高宽角度转变成弧度才能正常开展计算。

9.3　微观应变引起的半高宽

由布拉格公式可知，当晶体内存在微观应变（或微观应力）时，实际晶面间距 d 值将因为微观应变的存在偏离无应力时的 d_0 值，d 值的变化最终将反映到布拉格角上，即 θ 发生改变，最终造成衍射峰展宽。因此，根据衍射峰展宽程度，可以获取微观应变或微观应力的大小。

1925 年，Van Arkel 推导出了微观应变公式，如式（9.4）所示。

$$\varepsilon = \frac{\beta}{4\tan\theta} = \frac{\Delta d}{d_0} \tag{9.4}$$

式中，ε 为微观应变；d_0 为无应变时的晶面间距；Δd 为因晶体内微观应变导致实际晶面间距偏离 d_0 值的程度。

从微观应变换算到微观应力 σ 的关系式为：

$$\sigma = E\varepsilon = \frac{E\beta}{4\tan\theta} \tag{9.5}$$

式中，E 为材料的弹性模量。

9.4　两种效应引起的综合半高宽

晶粒尺寸或微观应变引起的半高宽 β、仪器光路引起的本征半高宽 B_0 以及样品实测半高宽 B 之间，存在着卷积关系。考虑衍射峰形满足"钟罩形"函数，卷积关系可以近似写成式（9.6）的形式。

$$\beta^n = B^n - B_0^n \tag{9.6}$$

式中，n 为卷积参数。一般情况下，衍射峰形可以使用柯西函数［如式（9.7）所示］、高斯函数［如式（9.8）所示］或二者的混合函数来表示。当衍射峰形接近柯西函数时，$n = 1$；当衍射峰形接近高斯函数时，$n = 2$。

$$f(x) = \frac{1}{1 + ax^2} \tag{9.7}$$

$$f(x) = e^{-ax^2} \tag{9.8}$$

式中，a 为常数。

若样品中同时存在纳米晶粒和微观应变，则半高宽 β 将包含纳米宽化（β_1）和微观应变宽化（β_2）两部分，三者同样存在卷积关系，可以近似写成：

$$\beta^n = \beta_1^n + \beta_2^n \tag{9.9}$$

将式(9.2)、式(9.4)代入式(9.9)可得：

$$\left(\frac{\beta\cos\theta}{\lambda}\right)^n = \left(\frac{1}{D}\right)^n + \left(\frac{4\varepsilon\sin\theta}{\lambda}\right)^n \tag{9.10}$$

Hall 假定：纳米晶粒和微观应变引起的衍射峰强度分布都遵循柯西函数。此时式(9.9)中的 $n=1$，式(9.10)变形为式(9.11)。

$$\frac{\beta\cos\theta}{\lambda} = \frac{1}{D} + 4\varepsilon\frac{\sin\theta}{\lambda} \tag{9.11}$$

对特定材料而言，纳米晶粒尺寸 D 和微观应变 ε 是确定值，因此 $\frac{\beta\cos\theta}{\lambda}$ 与 $\frac{\sin\theta}{\lambda}$ 成直线关系，直线的斜率为 4ε，截距为 $\frac{1}{D}$，只要收集至少两个衍射峰的几何位置（2θ）和实测半高宽（扣除仪器宽度后的半高宽 β），即可作图得到该直线关系，从而求得 D 与 ε。这种方法被称为 Hall 法。

库日格诺夫和雷斯科则认为，纳米晶粒和微观应变引起的衍射峰强度分布都遵循高斯函数。此时式(9.9)中的 $n=2$，式(9.10)变形为：

$$\left(\frac{\beta\cos\theta}{\lambda}\right)^2 = \frac{1}{D^2} + 16\varepsilon^2\left(\frac{\sin\theta}{\lambda}\right)^2 \tag{9.12}$$

式(9.12)中 $\left(\frac{\beta\cos\theta}{\lambda}\right)^2$ 与 $\left(\frac{\sin\theta}{\lambda}\right)^2$ 依然成直线关系，只要收集至少两个衍射峰的几何位置（2θ）和实测半高宽（扣除仪器宽度后的半高宽 β），即可作图得到该直线关系，并得到直线的斜率 $16\varepsilon^2$ 以及截距 $\frac{1}{D^2}$，从而求得 D 与 ε。

此外，为了获得更加准确的计算结果，需要关注以下注意事项：

（1）为了得到更加准确的直线关系，仅选择两个衍射峰是不充分的，需要增加所收集的衍射峰的数量，例如选择超过三个衍射峰开展计算，多绘制（x,y）数据点，再使用拟合的方式获得最终的直线函数关系；

（2）为了得到更加准确的衍射峰几何位置和实测半高宽（扣除仪器宽度后的半高宽），建议选择低 2θ 的衍射峰进行计算，低 2θ 的衍射峰强度一般较高，衍射峰形更清晰准确；

（3）实测衍射峰的半高宽除了包含样品半高宽和仪器半高宽外，在低 2θ 区还常包含 K_{a2} 射线引起的半高宽，这是由 K_{a2} 射线与所应用的 K_{a1} 射线波长非常接近，测量过程中难以滤除 K_{a2} 射线导致，因此实际计算时，还需要将 K_{a2} 射线引起的半高宽扣除，这一扣除过程常使用专用分析软件中的 K_{a2} 射线扣除功能处理（K_{a2} 射线的分离一般采用 Rachinger 图解法）。

9.5 衍射线形与结晶度

完美晶体中的结构基元（原子、离子、原子团等）分布都是连续且长程有序的，但实际晶体往往不完美，如存在点缺陷（点阵空位、固溶畸变等）、线缺陷（位错等）、面缺陷（孪晶、层错等）等。缺陷的存在使得结构基元分布的连续性被打断，甚至长程有序被破坏，从而造成衍射峰强度减弱、半高宽增加，当样品中存在结构基元分布长程无序但短程有序的非晶物相时，衍射图中将出现矮而钝且半高宽异常增大的"漫散射峰"（或称驼峰），如图 9.6 所示。

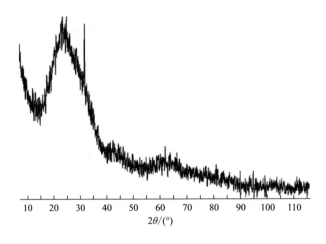

图 9.6　玻璃短程有序结构形成的鼓包状漫散射峰

衡量缺陷的影响或者非晶物相（或结晶物相）的含量，常使用"结晶度"（也称结晶化度）这一专有名词。研究结晶度的大小和变化，在相关生产和科学研究中具有重要意义。

以"金属玻璃"为例。熔融状态的金属在急速冷却条件下凝固时，由于原子来不及扩散和相变，从而凝固后的组织在微观结构上将依旧保持熔融状态时的短程有序结构（非晶结构），这样的固态金属被称为"金属玻璃"。实际生产金属玻璃时，常因冷却条件无法达到理想状态时的急速，凝固后的材料常常是晶体物相与非晶物相共存的状态，此时的金属材料具有特殊的性能，为了研究这种金属材料的组织和性能变化，需要衡量晶体物相或非晶物相在材料中的含量，即结晶度分析。

对不同材料或不同目的而言，结晶度分析的方法不同，例如有的方法选择对衍射峰的强度进行比较，有的方法需要分析衍射峰半高宽的变化，当样品中存在非晶物相时，一般需要分析非晶物相形成的漫散射峰和结晶物相形成的尖锐衍射峰之间的相对关系，此时需要对测量图谱中的所有峰开展"峰形拟合"以及"峰形分离"（或分峰）处理。

当样品中存在非晶物相时，非晶物相形成的鼓包状漫散射峰与结晶物相的尖锐衍射峰通常加和在一起，形成既包含鼓包峰特征又包含尖锐峰特征的综合形状，要分析鼓包峰的强度（一般选择积分强度）与尖锐衍射峰强度之间的关系，需要利用峰形函数（如高斯函数、柯西函数、PV 函数等）拟合的方法，将鼓包峰和尖锐峰的峰形拟合出来，将综合形状实现峰形分离，并提取峰形拟合后的强度信息，因此峰形拟合与分峰处理，是影响结晶度最终计算结果的基础要素。

9.6 拟合分峰处理

9.6.1 背景标定

对测量图谱中的综合峰形进行函数拟合分峰处理时，需要首先标定背景曲线（衍射本底），否则将无法提取各峰信息。此外，背景曲线标定不当，不仅会增加拟合分峰时的困难，还会直接影响各峰强度的大小（尤其鼓包峰），最终影响结晶度计算结果。如图 9.7 所示。

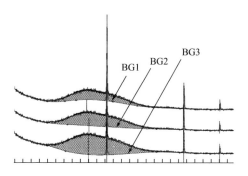

图 9.7 背景曲线标定对非晶鼓包峰强度的影响

图中实测强度与背景曲线之间形成的面积即为鼓包峰积分面积。由图可知，背景曲线标定为 BG1、BG2、BG3 时，鼓包峰积分面积会存在显著不同，这些差异最终会体现在结晶度计算结果中，导致出现计算偏差。

背景曲线受非晶散射、荧光效应、康普顿散射甚至狭缝尺寸、样品尺寸等因素的影响，一般情况下除了非晶散射会构建"鼓包状"散射峰外，其他因素对背景的影响随着衍射角的增加呈平缓、平直趋势变化，因此常采用平缓、平直曲线将背景曲线标记出来，如图 9.7 中的 BG2。

需要指出的是，即便采用平缓平直曲线标定背景曲线，所得到的各峰积分面积依然会存在一定程度的偏差，毕竟在实际分析过程中，平缓平直曲线往往是手工制作完成的，为增加背景曲线标定的稳定性，平缓平直曲线也可用直线代替。

此外，非晶物相散射信号通常较弱，当其含量低于一定程度时（如质量分数<3%），在衍射仪上将难以给出足够明显的鼓包峰形，从而导致拟合分峰无法处理，此时结晶度的计算需要使用其他方法或其他技术来分析。

9.6.2　拟合分峰

当测量结果中不包含明显鼓包峰时，拟合分峰过程（处理重叠峰）可以选择专用分析软件中的"峰形拟合"（Fit peaks）功能自动完成，但当测量结果中存在鼓包峰时，软件自动拟合功能得到的结果一般难以应用于结晶度分析，甚至一些软件的自动拟合功能将非晶物相的鼓包峰直接标定成了背景强度，导致得到的拟合数据中不存在鼓包峰信息。因此在开展鼓包峰与尖锐峰共存时的拟合分峰处理时，一般选择人工干预。此处的人工干预，指在分析软件的基础上，开展人工标定背景曲线、人工预设峰形函数、人工预设峰形位置等操作。

人工干预条件下的拟合分峰时，为了保证软件拟合的准确性，需要事先人工确认鼓包峰与尖锐峰的基本位置和形状，再利用软件开展各峰拟合，因此拟合分峰时的基本要求是：软件拟合得到的各峰位置、形状一定要与人工确认的各峰位置形状基本对应，不能发生较大变化，否则拟合不当。实际拟合分峰效果，如图 9.8所示。

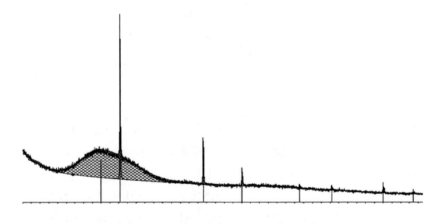

图 9.8　晶体衍射峰与非晶鼓包峰的拟合效果

对于非晶鼓包峰而言，拟合得到的峰顶位置允许有一定程度的偏离，如非晶鼓包峰 2θ 位置在 $3°\sim5°$ 内变化，都是允许的，这是因为非晶鼓包峰的宽度很大，峰顶位置和拟合形状受图谱起始角度、测量范围、狭缝尺寸、尖锐峰分布状态等因素的影响导致。

一般情况下，鼓包峰与尖锐峰界限比较明显，人工确认不易出现差错，但当结晶物相的衍射峰因晶体结构不完整等因素导致其宽度较大时，常与含量较低的非晶鼓包峰混淆，此时人工确认将显得尤为重要。为了提高人工确认的准确性，将不同峰形"经验上"的特征总结如下：

（1）结晶物相衍射峰：晶体缺陷较少的物相，衍射峰一般存在峰形尖锐、对称、数量多等特征，半高宽能跨越 $1\sim100$ 步长；晶体缺陷较多的物相，衍射峰半高宽能跨越数百个步长（一般小于 1000 步长），但同样存在峰顶较尖锐、峰形比较对称等特征。

（2）非晶物相漫散射峰：一般情况下，峰形呈矮而钝的鼓包状存在，不存在尖锐的峰顶，峰形对称性差，数量控制在 $1\sim2$ 个，半高宽常跨越数百（含量较低时）或数千个步长（含量较高时）。

（3）纳米晶体衍射峰：纳米晶体因晶粒尺寸处于纳米级，其衍射结果将由倒易点变为倒易体，衍射仪上得到的衍射峰将变成"矮而胖"的峰形，这种峰形一般具有峰顶不够尖锐、峰形对称性高、峰数量较多等特征，其半高宽一般跨越数十个或数百个步长。

9.7 结晶度的计算方法

结晶度即样品结晶的程度，一般以结晶体的总质量占样品总质量的百分数表示，如下所示：

$$X_c = \frac{g_c}{g_c + g_a} \times 100\% \qquad (9.13)$$

式中，X_c 为结晶度；g_c 为结晶物相总质量；g_a 为非晶物相总质量。

在衍射图谱中，无论物相是结晶状态还是非晶状态，其质量分数都是其信号强度的加权函数。设结晶物相的加权因子为 K_c，非晶物相的加权因子为 K_a，则有：

$$\begin{cases} g_c = K_c \sum I_c \\ g_a = K_a I_a \end{cases} \qquad (9.14)$$

式中，I_c 为结晶物相的衍射峰积分强度；I_a 为非晶物相的鼓包峰积分强度。

将式(9.14)代入式(9.13)，可得：

$$X_c = \frac{\sum I_c}{\sum I_c + kI_a} \qquad (9.15)$$

式中 $k = K_a / K_c$。式(9.15)即为结晶度计算的基本公式。衍射峰积分强度和鼓包峰积分强度，都可以从测量图谱中通过拟合分峰得到，因此要计算结晶度 X_c，只需求得 k 值。

当结晶物相中各物相组成比例不变，以及非晶物相基本组成不变时，K_c、K_a、k 都是常数，如果能获得已知结晶度的标准样品，可直接计算得到 k 值，但这种标准样品一般很难得到。

假设有两个结晶度未知，但结晶物相中各物相组成以及物相质量比例基本不变，且非晶物相基本组成也一致的样品，设该两个样品的结晶度分别为 X_{c1} 与 X_{c2}，两个样品的结晶度和非晶度（非晶物相的百分含量）之差可以写成：

$$\begin{cases} \Delta X_c = X_{c2} - X_{c1} \\ \Delta X_a = X_{a2} - X_{a1} \\ \Delta X_a = -\Delta X_c \end{cases} \qquad (9.16)$$

将式(9.15)代入式(9.16)，可得：

$$\frac{\sum I_{c2} + I_{a2}}{\sum I_{c2} + kI_{a2}} = \frac{\sum I_{c1} + I_{a1}}{\sum I_{c1} + kI_{a1}} \qquad (9.17)$$

式(9.17)中所有 I_c 与 I_a 都可以从测量图谱中通过拟合分峰处理得到，因此式中只有一个未知数 k，从而解方程可以求得 k 值。

以上求解得到的结晶度为样品的实际结晶度大小，也称为绝对结晶度。实际工作中，一般很难达到结晶物相中各物相组成和质量比例基本不变以及非晶物相中的基本组成不变的条件，因此 k 的准确值不易获得。

为简化工作，假设结晶物相与非晶物相的加权因子相等，即 $K_a = K_c$，此时 $k = 1$，式(9.15)简化为：

$$X_c = \frac{\sum I_c}{\sum I_c + I_a} \qquad (9.18)$$

式中，由于无需求取 k 值，只需通过分析软件对衍射图谱进行分峰拟合处理，即可得到所有峰形的积分强度，从而可以直接计算样品的结晶度 X_c，计算过程简便了许多。

通过式(9.18)计算得到的结晶度，并非样品真实结晶度大小，而是一个在特定假设下的相对值，称为相对结晶度。相对结晶度的计算，可以衡量不同样品结晶度的大小以及变化规律，在工业生产和科学研究中具有实用意义。

第 10 章

晶胞参数精密分析

晶胞参数是晶体材料的重要指标，其大小变化是材料密度、热膨胀、固溶相变、应力分布、缺陷浓度等参数变化的直接反映。因此，研究晶胞参数的变化，可以揭示很多材料问题的物理本质和变化规律。

晶胞参数及其变化都是很微小的量（$10^{-1} \sim 10^{-4}$Å），因此在各衍射峰已经完成指标化的基础上（已对物相晶系、晶胞参数进行了基本确认），要研究晶胞参数的细微变化，还必须深入研究晶胞参数的各类影响因素。

晶胞参数受物相化学组成、晶体微结构、偶然偏差、仪器系统偏差、环境条件（温度、压力）等因素的影响，在开展晶胞参数精密分析前，必须尽可能减少干扰因素的影响。

10.1 晶胞参数简介

10.2 晶胞参数的计算方法

10.3 计算偏差的来源

10.4 计算偏差的控制

10.5 寻峰偏差

10.6 "线对法"计算晶胞参数

10.1　晶胞参数简介

　　将组成晶体的结构基元简化为点，则晶体即是结构基元排列形成的三维点阵。能表达该点阵的最小的平行六面体，被称为一个晶胞。所谓晶胞参数，指描述单个晶胞的具体参数，如图 10.1 所示。

　　由图可知，晶胞参数包含单个晶胞三条边长的大小 a、b、c，以及三条边之间的夹角 α、β、γ。根据晶胞参数的特征，可以将晶体结构划分为 7 个基本晶系，再加上是否具备底心、面心、体心等要素，7 个基本晶系可继续细化为 14 种布拉菲点阵（Bravais lattice）。

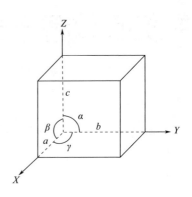

图 10.1　单个晶胞的晶胞参数

10.2　晶胞参数的计算方法

　　在对衍射图开展物相定性分析时，常遇到整体衍射峰或局部衍射峰与 PDF 卡片衍射线存在偏离的情况，如图 10.2 所示。此类位置偏离有时很明显，有时需要将衍射峰放大后才能观察到，如果忽略制样、测量等外部因素导致的角度偏差，衍射峰的偏离将主要由物相的晶面间距 d 发生变化导致。

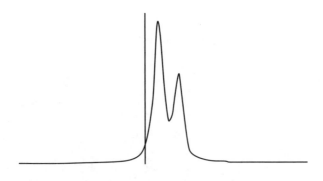

图 10.2　衍射峰位置偏离 PDF 衍射线的现象

　　根据布拉格方程 $2d\sin\theta = n\lambda$，当 d 发生 Δd 变化时，对应的布拉格角将发生 $\Delta\theta$ 变化，在衍射仪测量结果中衍射峰位置将发生 $2\Delta\theta$ 的变化，即衍射峰位置相比 PDF 卡片衍射线发生偏离。

　　在衍射图谱完成指标化的基础上（或完成物相定性分析），根据衍射峰的

"真实"位置，利用布拉格方程可求取物相的"真实"晶面间距，再利用已知晶系的晶面间距和晶面指数之间的关系，就能计算"真实"的晶胞参数，继而可以深入分析晶胞参数的细微变化，此即为晶胞参数的精密分析过程。

不同晶系的晶面间距和晶面指数之间的关系，如式(10.1)～式(10.7)所示。

立方晶系：

$$d = \frac{a}{\sqrt{h^2 + k^2 + l^2}} \tag{10.1}$$

四方晶系：

$$d = \frac{1}{\sqrt{\dfrac{h^2 + k^2}{a^2} + \dfrac{l^2}{c^2}}} \tag{10.2}$$

六方晶系：

$$d = \frac{1}{\sqrt{\dfrac{4(h^2 + hk + k^2)}{3a^2} + \dfrac{l^2}{c^2}}} \tag{10.3}$$

三方晶系：

$$d = \frac{a}{\sqrt{\dfrac{(h^2 + k^2 + l^2)\sin^2\alpha + 2(hk + kl + lh)(\cos^2\alpha - \cos\alpha)}{1 - 3\cos^2\alpha - 2\cos^3\alpha}}} \tag{10.4}$$

斜方晶系：

$$d = \frac{1}{\sqrt{\dfrac{h^2}{a^2} + \dfrac{k^2}{b^2} + \dfrac{l^2}{c^2}}} \tag{10.5}$$

单斜晶系：

$$d = \frac{1}{\sqrt{\dfrac{h^2}{a\sin^2\beta} + \dfrac{k^2}{b^2} + \dfrac{l^2}{c^2\sin^2\beta} - \dfrac{2hl\cos\beta}{ac\sin^2\beta}}} \tag{10.6}$$

三斜晶系：

$$\frac{1}{d^2} = \frac{\dfrac{h}{a}\begin{bmatrix} \dfrac{h}{a} & \cos\gamma & \cos\beta \\ \dfrac{k}{b} & 1 & \cos\alpha \\ \dfrac{l}{c} & \cos\alpha & 1 \end{bmatrix} + \dfrac{k}{b}\begin{bmatrix} 1 & \dfrac{h}{a} & \cos\beta \\ \cos\gamma & \dfrac{k}{b} & \cos\alpha \\ \cos\beta & \dfrac{l}{c} & 1 \end{bmatrix} + \dfrac{l}{c}\begin{bmatrix} 1 & 1 & \dfrac{h}{a} \\ \cos\alpha & 1 & \dfrac{k}{b} \\ \cos\beta & \cos\alpha & \dfrac{l}{c} \end{bmatrix}}{\begin{bmatrix} 1 & \cos\alpha & \cos\beta \\ \cos\alpha & 1 & \cos\alpha \\ \cos\beta & \cos\alpha & 1 \end{bmatrix}} \tag{10.7}$$

实际计算时，可以选择合适的晶面指数以简化计算过程，如晶面指数中某个指数为 0 或两个指数均为 0 时，将大大简化计算过程。

10.3　计算偏差的来源

由晶面间距和晶面指数之间的数学关系可知，晶胞参数的计算偏差主要来源于 d 值的偏差，根据布拉格方程，d 值的偏差主要源于衍射峰的几何位置 2θ，因此如何精准测量得到衍射峰的准确 2θ，是开展晶胞参数精细计算的关键。

测量过程中的偏差，根据偏差产生的因素可分为偶然偏差和系统偏差两大类。偶然偏差一般不存在规律性，如制样操作引起的偏差、样品安装引起的偏差等，这样的偏差没办法消除，但可以通过标准样品尽可能减小其影响。系统偏差是由实验条件引起的固有偏差，可以通过适当的处理将其消除，如测角仪零点偏差、两轴联动偏差等。

（1）测角仪零点偏差。测角仪零点偏差，指测量过程中的测角仪零点并没有调整到真实的零点，而是存在一个特定的偏差，这样的偏差会附加在任意衍射峰的几何位置上，导致衍射峰的几何位置都存在偏差。消除这一偏差的方式，主要是实施测角仪零点校准，即将射线光束中点、狭缝中点、样品表面（或测角仪轴心）、探测器接收狭缝中点严格调整到一条直线上，且该直线应位于测角仪平面上。

（2）两轴联动偏差。入射轴与衍射轴两轴联动时，在不同 2θ 角度会存在不同的偏差，该偏差主要受联动齿轮等机械装置控制，一般无法自行调整。在实际测量时，通常选择已知晶面间距或晶胞参数等信息的标准样品，实测标准样品的衍射峰几何位置，将其与标准样品理论计算得到的衍射峰几何位置进行比较，构建偏差与 2θ 的校正曲线，并拟合曲线提取校正函数，再将校正函数代入到实际样品中。

（3）环境温度。样品的测量过程应该在规定的温度下进行，如 25℃，一旦环境温度发生改变，势必引起晶胞的热胀冷缩效应，从而造成衍射峰几何位置的变化，因此需要对温度造成的计算偏差进行校正。设实测温度 T 条件下得到的晶胞参数为 a，将其校正到规定温度 T_0 条件下的晶胞参数 a_j，校正公式为：

$$a_j = a[1 + E_0(T_0 - T)] \tag{10.8}$$

式中，E_0 为晶体热胀系数。

（4）平板样品的偏差。现代衍射仪基本都采用 Bragg-Brentano 聚焦测量几何，这样的几何要求样品表面为与聚焦圆重合在一起的弧面，但为制样方便，样品表面一般都制备成平面。由于平面无法满足准确聚焦的条件，从而造成一定程度的聚焦点发散和位移，引起衍射峰几何位置发生改变，最终影响晶胞参数计算。

（5）样品表面离轴偏差。外在表现为样品表面偏离测量基准面造成的偏差，实质是主光束被反射的晶面偏离样品表面造成的偏差，这种偏差被称为离轴偏差。离轴偏差主要由样品安装不到位（高出或低于基准面）、样品表面过于粗糙以及 X 射线具有一定穿透性等原因等导致。离轴偏差的存在，直接导致聚焦点位移，最终引起衍射峰几何位置的改变。

（6）其他偏差。测量光路中虽然应用了索拉狭缝、准直器等准直装置，但仍然无法避免射线存在一定程度的发散，这样的发散也会引起衍射峰的几何位置偏差；射线由空气穿入样品表面、再由样品表面穿出时，由于射线具有折射特性，也会引起比较微小的衍射峰位移等。

10.4　计算偏差的控制

10.4.1　机械校正

在开展样品测量时，尤其是为了开展晶胞参数计算等精密分析时，需要利用已知晶胞参数等信息的标准样品，来检查和校正仪器光路。仪器使用一段时间后，为了避免光路存在偏差，也需要利用标准样品及时核查仪器的准确性。

利用标样检查，可以及时发现测角仪是否存在比较明显的零点偏差，以及及时观察两轴联动偏差是否出现了较大变化。当测角仪存在较为明显的零点偏差时，说明仪器零点需要重新校准，此时需要按照仪器使用说明书开展校准工作；当两轴联动偏差分布规律不稳定或发生较大变化时，说明机械联动位置出现了故障，需要及时维护或维修。

此外，开展精细测量时，需要使用合理的狭缝配置以减小射线束的发散性，如使用合适大小的索拉狭缝或准直器等。

对于环境温度造成的偏差，一般使用空调等温控设备，将实验室温度或样品所处的环境温度调整在 25℃附近，再开展精细测量与分析。

10.4.2　测量方法校正

通过机械校正，可以将明显或异常的由机械原因造成的偏差，校正到较小的范围，但偏差并未完全消除，此外对于平板样品偏差、样品表面离轴偏差等，无法通过机械校正处理。

为进一步减小各类偏差的影响，在机械校正的基础上，还可以采用特殊测量方法对偏差继续进行处理，例如经常使用的内标校正法和外标校正法。

内标校正法：向测量样品中添加已知晶胞参数的标准样品，粉末混匀后开展衍射测量，利用标准样品的已知晶胞参数或晶面间距信息，计算标准样品的理论衍射峰几何位置，将其与实测衍射峰位置进行比较，构建二者偏差 Δ 与衍射峰实测位置 2θ 的校正曲线，并提取偏差函数，最后将该偏差函数代入到样品物相的衍射峰几何位置中，从而对样品物相的实测衍射峰位置进行校正。由此可见，内标校正法能对测角仪零点偏差、两轴联动偏差、平板样品造成的偏差、样品离轴偏差以及射线束发散造成的偏差等进行有效校正。

外标校正法：对已知晶胞参数或晶面间距的标准样品直接开展衍射测量，计算理论衍射峰几何位置与实测衍射峰位置之间的偏差 Δ，构建 Δ 与 2θ 的校正函数，将其代入到样品物相的实测衍射峰几何位置中，以此对样品物相的实测衍射峰进行校正。因此，外标校正法可以校正零点偏差、两轴联动偏差、平板样品偏差等，但无法校正样品安装离轴偏差，以及由射线穿透性导致的位置偏差。

两种方法各有优缺点：内标校正法可以有效校正多种偏差，但会因标准样品的添加对原样品造成污染；外标校正法不会污染原样品，但对各类偏差的校正效果不如内标校正法。实际工作时，可以根据样品情况进行选择和处理。

10.4.3　外推函数法校正

机械校正处理，可以校正由机械原因造成的零点偏差、联动偏差、狭缝偏差等显著偏差，在此基础上再开展测量方法校正处理，可以进一步减小机械偏差的影响，并有效校正由样品安装、光束发散等测量因素引起的偏差。为了继续减小各类偏差的影响，还可以对计算结果进行外推函数法处理。

将布拉格方程变形并做微分处理，如下所示：

$$\sin\theta = \frac{\lambda}{2d}$$

$$\cos\theta \cdot \Delta\theta = -\frac{\lambda}{2d^2} \cdot \Delta d = -\sin\theta \cdot \frac{\Delta d}{d}$$

$$\frac{\Delta d}{d} = -\cot\theta \cdot \Delta\theta \tag{10.9}$$

式(10.9) 表明，当 $\Delta\theta$ 一定时，$\Delta d/d$ 与 $\cot\theta$ 成正比，即布拉格角 θ 越大，$\cot\theta$ 越小，$\Delta d/d$ 越小，当 θ 趋近 $90°$ 时，$\cot\theta$ 趋近于 0，此时 $\Delta d/d$ 趋近于 0。换句话说：对衍射峰而言，当衍射峰位置偏差 $\Delta 2\theta$ 一定时（$\Delta\theta$ 一定），实测衍

射峰位置 2θ 越大（θ 越大），$\Delta 2\theta$ 所造成的 d 的计算偏差 Δd 越小，当 $2\theta = 180°$ 时（$\theta = 90°$），因 $\Delta 2\theta$ 引起的 $\Delta d = 0$，此时无论 $\Delta 2\theta$ 多大，都将不再引起任何计算偏差 Δd。

因此，当 $2\theta = 180°$ 时，所得到的 d 值，以及根据 d 值计算得到的晶胞参数，才是最准确的。但实际测量时所得到的 2θ 都小于 $180°$，因此根据 2θ 所计算得到的 d 值以及晶胞参数，都必然带有一定程度的系统偏差。

研究表明，系统偏差 Δd 与衍射角 2θ 成一定函数关系，即：

$$d = d_0 + \Delta d = d_0 + bf(\theta) \tag{10.10}$$

式中，d_0 为晶面间距的精确值；d 为实际计算值（或测量值）；b 为常数；$f(\theta)$ 为 θ 的函数。

外推函数法校正处理，就是利用多条衍射线测量所得的 d 值（或晶胞参数），按一定外推函数 $f(\theta)$ 外推到 $\theta = 90°$（$2\theta = 180°$），此时系统偏差 Δd 为零，即此时得到的 d 值或晶胞参数最准确。

经过对各类偏差的定量分析和研究，衍射仪测量时外推函数常使用以下三种形式：

$$f(\theta) = \cos^2\theta \tag{10.11}$$

$$f(\theta) = \cot^2\theta \tag{10.12}$$

$$f(\theta) = \cos\theta\cot\theta \tag{10.13}$$

如果射线穿透性引起的偏差是主要偏差，建议选用式（10.11）为外推函数；如果试样的平板表面引起的偏差是主要偏差，建议选用式（10.12）为外推函数；如果样品离轴偏差是主要偏差，建议选用式（10.13）为外推函数。

例如选择式（10.11）对面心立方晶系的硅单质开展外推函数法校正处理，所得结果如图 10.3 所示。

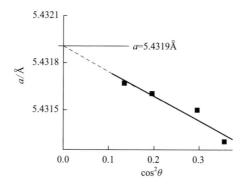

图 10.3　Si 物相晶胞参数外推函数法校正

10.5 寻峰偏差

在实际工作中，常将衍射峰强度最高的信号点对应的衍射角 2θ 作为衍射峰真实的衍射角，如图 10.4 所示。

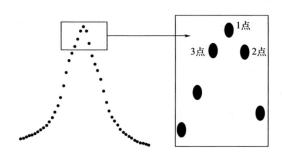

图 10.4 组成衍射峰的信号点

图中，组成衍射峰的信号点有许多个，1 点为强度最大的信号点，2 点和 3 点为紧邻 1 点的次强信号点。通常选择 1 点对应的 2θ 位置，作为该衍射峰的真实衍射角，这种处理方式最简单，但却可能引入偏差。

首先，在开展晶胞参数分析时，不建议对衍射峰进行平滑处理（平滑处理可能造成衍射峰信号点强度变化，导致"峰顶"位置偏移），从而衍射图中将广泛存在因电气噪声、机械振动等因素引入的噪声波动，具体表现为衍射图中各信号点的强度带有"随机振动"现象。这样的"随机振动"会同时发生在组成衍射峰的所有信号点上，峰顶位置处的 1 点、2 点、3 点也同样存在。从这一方面讲，1 点的"真实"强度不一定最大，而 2 点、3 点的强度也不一定比 1 点低，因此直接使用 1 点代表衍射信号强度最大点或衍射峰位置，是不够精准的。

其次，衍射峰形的对称性会受到光束发散、测量参数等因素的影响，当峰形发生畸变而不再对称时，选择"强度最大信号点"作为衍射峰的具体位置，同样不够准确。

因此，从最大信号点强度（峰顶）直接判断衍射峰位置的方法虽然简单直接，但若不考虑噪声波动以及峰形对称性等要素，同样可能产生偏差。为获得更为精准的衍射峰顶位置，目前普遍采用"峰形对称"分析法。

一般认为，某类晶面的衍射峰应该是具有"轴对称"特征的"钟罩"形状，因此对称轴所对应的峰顶位置，即为衍射峰真实几何位置。为了确定对称轴位置，可以在最高信号点两侧选取"数对"强度近似相等的等高信号点，将这些等高信号点连线并绘出中点，再将各个中点做直线拟合处理，该拟合得到的直线即为对称轴，对称轴直线的延长线与衍射峰形的交点，即为衍射峰的真实"峰顶"。如图 10.5 所示。

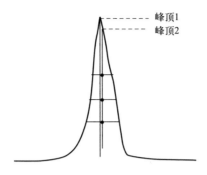

峰顶1
峰顶2

图 10.5　最高信号点对应的峰顶 1 与对称轴寻找到的真实峰顶 2

除了绘制等高线取中点的方法外，还可以使用专用分析软件对衍射峰做峰形函数拟合处理，在不调节峰形"倾斜"的情况下，所得到的对称拟合峰的峰顶位置，即可作为衍射峰真实峰顶位置。此外，通过拟合处理可以获得衍射峰的积分面积，并求得面积"重心"对应的 2θ 位置，该面积重心 2θ 也可以作为衍射峰的真实峰顶位置。

10.6　"线对法"计算晶胞参数

1971 年，Popovic 提出了线对法计算晶胞参数：利用同一次测量所得的不同衍射线的几何位置差值，计算物相的晶胞参数。

以立方晶系为例，取同一张测量图谱中同一个物相的两个不同实测衍射峰位置 $2\theta_1$ 和 $2\theta_2$，将式（10.1）代入布拉格方程，可得：

$$2\frac{a}{\sqrt{m_1}}\sin\theta_1 = \lambda_1 \tag{10.14}$$

$$2\frac{a}{\sqrt{m_2}}\sin\theta_2 = \lambda_2 \tag{10.15}$$

其中 $m_1 = h_1^2 + k_1^2 + l_1^2$，$m_2 = h_2^2 + k_2^2 + l_2^2$。将式（10.14）与式（10.15）左右加减再乘方，经过推导可得：

$$a^2 = \frac{B_1 - B_2\cos\delta}{4\sin^2\delta} \tag{10.16}$$

式（10.16）即为立方晶系线对法的基本公式，其中：

$$B_1 = m_1\lambda_1^2 + m_2\lambda_2^2$$

$$B_2 = 2\lambda_1\lambda_2\sqrt{m_1 m_2}$$

$$\delta = \theta_2 - \theta_1 \tag{10.17}$$

由式(10.17)可知,线对法的计算过程主要应用了两个衍射峰的位置差值,因此测角仪的零点偏差对线对法不产生影响,此外样品平板偏差、样品离轴偏差也对线对法不产生影响,对线对法产生影响的主要因素是:两轴联动偏差、光束发散偏差。

对式(10.16)两边取微分,可得:

$$\frac{\Delta a}{a} = -\frac{\cos\theta_1\cos\theta_2}{\sin\delta}\Delta\delta \tag{10.18}$$

对式(10.18)验算可知,当 $\Delta\delta \approx \pm 0.002°$ 时,$\Delta a/a$ 计算偏差小于 0.5×10^{-4},因此线对法具有比较高的计算精度。

在线对法的基础上,依然可以采用内标校正法或外标校正法校正两轴联动偏差、光路发散引起的偏差以及其他偏差,以此提高衍射峰几何位置的精度,以便进一步提高线对法的精度。

第 **11** 章 ——

仪器维护与辐射安全

    X射线衍射仪是用于科学研究和工业生产的专用大型仪器，这样的仪器将机械、电子、信息、控制、材料、光学、物理等学科内容集成一体，是现代化生产能力和新时代信息控制水平的重要体现。这样的大型仪器，不仅需要按照说明谨慎操作，在实际应用过程中，还必须定时对其进行合理的维护保养，一则为降低故障率，减少维修成本，以及延长使用寿命，二则为保障仪器始终处于优良的工作状态下，每时每刻都能获得优质的数据结果。

    简单的维护保养，如样品仓清理、加润滑油、空气压缩机除水、更换冷却水等，比较复杂的维护保养，涉及射线管老化、测角仪零点校正、光路校正、更换绝缘油脂、测量软件更新等操作。一些复杂的维护保养或维修工作，必须由厂家工程师来完成。

11.1 硬件维护

11.2 光路校准

11.3 其他维护

11.4 X射线的电离辐射

11.5 电离辐射安全防护

11.1 硬件维护

11.1.1 X射线管的日常维护

X射线管是发生射线的源头，是衍射仪中的核心部件之一，但因其生产精密性、真空密封性导致射线管一旦出现强度衰减或故障，基本都是直接更换，因此射线管是衍射仪中价格较高的重要耗材之一。对X射线管的维护保养，尤其显得重要。

（1）X射线管在开展工作前需要首先经过"老化"处理，老化的主要作用是给灯丝预热，并且增强射线管电气元件对高电压、高电流的适应性。老化处理的方式可以选择软件自动处理和手工处理两种。

自动老化处理的步骤：在特定电流条件下，将X射线管电压在全范围内（电压电流的乘积为最大功率）逐渐升高并在每个升高点稳定一段时间，使X射线管充分适应高电压条件，再将电压恒定在合适值，逐渐升高电流并在每个升高点稳定一段时间，增强射线管对电流的适应性。手工老化处理时，电压或电流的调整不一定要实现全范围，只要包含常规工作时的电压、电流值即可。

（2）X射线管是在高电压、高电流条件下工作的，需要使用高压电缆和电极棒与高压发生器连接，其中电极棒的绝缘油脂需要定期检查和维护。以常用的固体高压发生器为例，高压电缆两端的电极棒需要使用硅脂（一种绝缘油脂）进行绝缘，一旦硅脂因涂抹不均或挥发等原因出现电极棒部分区域绝缘不够，在高电压下可能产生打火现象，严重时可能导致电极棒炸裂，甚至造成高压发生器损坏。因此每隔一段时间（如1年），检查电极棒两端的硅脂是否有裸露或是否涂抹均匀，并及时补充，是很重要的维护工作。

（3）X射线管的铍窗是与环境中的空气直接接触的部位，如果空气湿度大，或长时间不开机，可能发生铍窗腐蚀，腐蚀一旦发生，X射线管将无法保持内部真空环境，从而无法工作。为了避免这一情况的发生，在衍射仪附近安装具有除湿功能的装置，如除湿机、空调等，可以有效降低环境湿度。此外，衍射仪在不工作时，也需要给射线管设置一定的低电压和低电流进行维护，射线管出射一定强度的X射线对铍窗有一定保温或加热效应，有利于保护铍窗避免湿度的不利影响。

（4）为更好地保障X射线管的光强稳定性以及提升射线管的使用寿命，建议设置其使用功率不超过最大功率的90%，例如射线管上标记的最大功率为1.8kW，实际使用功率按最大功率的90%计算为1.62kW，即平常使用的电压为

40kV、电流为 40mA（功率为 1.6kW）。超过 90% 的功率使用，可以使射线强度稍微增大，但却容易造成射线管强度快速进入衰减期，从而减少射线管的使用寿命，例如射线管使用电压 45kV、电流 40mA 时（1.8kW 满功率工作），使用 1 年时间后，射线管的强度可能出现显著降低，并且射线束中出现因钨灯丝蒸气所致的 W 的特征 X 射线信号，这明显与厂家通常提供的射线管正常工作寿命不符（如 3 年以上）。因此设置射线管正常的使用功率，也是日常维护保养中必须考虑的工作。

11.1.2　水冷系统的日常维护

衍射仪的水冷系统一般指水冷机。

通常水冷机有一体式和分体式两种，分体式是将水循环和冷却装置分离成两个部分，冷却装置可以像空调外机一样悬挂在室外，一体式则是将水循环装置和冷却装置集成为一体机。水循环装置，主要连接射线管的靶头，通过水泵完成冷却水的循环运动，将靶材产生的热量带出到循环水中；冷却装置，与水循环装置间使用载有冷却介质的导热金属管连接，金属管与散热装置相连，通过散热装置将热量最终排出到空气环境中。

（1）水循环装置中的循环水，一般使用蒸馏水，在使用前需要检测水质的 pH 值，pH 值控制不当，可能衍生其他问题。例如蒸馏水若呈酸性（pH 值在 5~6 之间），配合温热环境，很容易滋生微生物，微生物的大量出现会导致水管、过滤装置、射线管靶头滤网等部件堵塞，为避免这种情况，一般选择用小苏打（$NaHCO_3$）将蒸馏水调成弱碱性（pH 值在 8~8.5 之间），这样的弱碱性环境能较好地避免微生物的滋生。pH 值过高，循环水碱性增强，容易导致与循环水接触的部件电离腐蚀，长时间工作会产生水路泄漏、接头裂纹等故障。一般情况下，弱碱性的循环水可以使用较长时间而无需频繁更换，例如在弱碱性条件下，循环水可以一年更换一次。

（2）水冷机安装好之后，除了定期更换循环水外，还需要经常观察水冷机的冷却效率是否稳定。例如当水冷机显示温度突然增加时，需要检查外机风扇系统是否正常工作，若外机散热片灰尘多，会影响外机散热效率并会增加压缩机负载，引起水冷机温度增加；金属管连接不牢以及金属管本身缺陷（如裂纹）都可能导致冷却介质泄漏，降低冷却效率，促使循环水温度增加。

（3）水冷机控温系统一般都是自动化操作，当控制线路或接触器等电路部件故障时，可能引起自动化系统停止工作（或死机）。例如水冷机示数长时间保持不动，虽然示数显示正常，但此时需要检查控温模块是否出现了死机现象；一旦死机，水温控制将出现问题，水冷机散热效率自然也会受到影响；当发现这一问题时，可以重启水冷机（先关闭 X 射线管高压），或者对控温模块及线路进行检修，彻底排除故障。

部分衍射仪在仪器循环水路中设置了流量、温度等传感器，可以及时将循环水信息反馈到测量软件的界面上，便于使用者时刻关注相应变化。

（4）除了要关注水冷机循环水温度外，还要监控循环水的压力，循环水压力一般控制在 0.3～0.5MPa，压力过大会引起接头部位泄漏，压力过小会降低循环水的流速，降低散热效率。

11.1.3　测角仪的日常维护

几何测角仪是实现高精度衍射测量的关键部件，性能优良的几何测角仪，其测角精度可达万分之一度，因此在使用过程中必须对其进行合理的维护和保养工作。

（1）保持测量环境清洁，避免大量粉尘或样品粉末进入测角仪传动系统中（如运动轨道、齿轮系统），否则将造成磨料磨损，损伤测角仪的机械系统，并降低测角仪精度。当在测角仪机械系统中发现有明显粉尘或粉末痕迹时，需要及时清理干净，必要时可使用吸尘器等工具将粉尘吸出。

（2）测角仪的旋转轨道和机械传动系统，需要定期添加润滑油养护，否则可能造成"干摩擦"，在测角仪工作时产生噪声，并影响测角精度。

11.1.4　样品台的日常维护

为了实现不同的测量功能，衍射仪的样品台（以及配套使用的样品架或样品盒）有平板样品台、自动进样样品台、多轴运动样品台、高温原位样品台等类型。样品台在使用时，也需要做好维护和保养工作。

（1）样品台及其配套的样品架（或样品盒）在使用过程中，必须保障样品表面严格位于测量基准面上，否则将造成测量偏差；可拆卸样品台在安装时，要检查安装位置是否紧凑、定位螺钉是否合理、锁紧螺栓是否达到足够扭矩，以保障样品台严格安装"到位"；样品架或样品盒在使用时，要检查表面是否有污染、上下表面是否有凸起以及两面是否平行，一旦发现问题，必须将带有问题的样品架取出并加以维护维修，否则会引入测量偏差。

不同样品架会引入不同的偏差，只要偏差控制在合理范围内，可以将不同样品架的偏差视为一致。

（2）多轴样品台能实现多轴运动，如 XYZ 三轴平移，chi（χ）、phi（φ）两轴旋转等。在实际使用时，需要时刻检查运动轨道上有无污染或阻碍，如果发现有样品粉末掉落，需要及时将其清理干净，避免样品台动作时将粉末裹入其中，影响使用精度。

（3）高温样品台（含高温炉）能实现高温原位衍射测量功能，在使用时需检查高温炉的水冷系统是否正常工作，高温炉的窗口有无污染，以及高温样品台样品支撑位置是否清理干净。高温炉的水冷系统，能及时防护高温炉中的热量不会轻易散出，否则高温将损坏衍射仪的光路系统和机械系统，一旦发现水路堵塞或不正常，要及时停止检测，并开展水路维护或检修工作；高温炉的窗口（密封炉腔，且能保障 X 射线的穿入穿出）一般使用铝膜或石墨膜配合 Capton 膜组成，一旦样品挥发导致窗口受污染，将直接引起测量结果中出现干扰峰，不利于测量结果的准确性，此时需要将窗口膜拆下来清理干净，再装回使用；样品支撑位置必须清理干净，否则将引起炉腔密封程度不够，导致真空度达不到要求或者气氛保护时漏气。

（4）样品台、样品架以及其他光路模块等，在不使用时需放置在阴凉干燥处，如设置专门的防潮柜存放。

11.2 光路校准

11.2.1 单色器

单色器的工作原理如图 3.20 所示。可见，单色器中的关键部件为分光晶体。

分光晶体或分光晶体的表层（具有足够的厚度）需要设计成已知晶面间距的单晶，此外还需满足以下要求：①容易生产出大块或大面积薄层状的高质量单晶；②机械强度较高，切割或机械加工方便；③具有较大结构因子的衍射晶面；④热胀系数小；⑤对 X 射线吸收少等。分光晶体常用的材质有硅、锗、石英、石墨、金刚石等。

在不同单色器中，分光晶体的材质、数量或使用特征有所不同，例如石墨弯晶单色器中，所使用的分光晶体为石墨材质，且分光晶体的表面设计成弯曲形状，又如双晶单色器中，是由两个分光晶体配套使用，以实现射线分光功能。

分光晶体是机械固定在单色器中的，为了调整方便，有的单色器中对分光晶体还设置了机械自动化旋转调整。这样的机械固定和机械调整，在实际使用过程中可能出现机械位移，导致机械偏差的存在，并具体表现为分光晶体的角度出现偏差。由分光晶体的工作原理可知，分光晶体的角度偏差将直接影响从单色器狭缝处出射的射线波长和强度。因此，当衍射光路中存在单色器时，需要经常使用标准样品检查分光晶体的角度有无偏差。

使用标准样品检查偏差的方式：①观察标准样品检测图谱中，除了 K_α 射线形成的样品物相衍射峰外，是否有其他波长的射线形成的未知衍射峰存在，如果测量结果中存在未知衍射峰，则表明分光晶体的固定角度出现了偏差，此时单色器需要校准；②观察标样衍射峰的强度是否存在较大变化，例如硅粉标样在正常测量时，2θ 为 28.4°的衍射峰强度为 30000counts，在测量条件不变时，如果发现该角度的衍射强度降低到了 25000counts 以内，说明单色器中分光晶体的机械角度可能出现了偏差。

当分光晶体的角度存在偏差时，可以微调分光晶体的角度，将其恢复到原来位置，此外，也可以微调单色器狭缝的角度，弥补分光晶体角度偏差造成的影响，如图 11.1 所示。

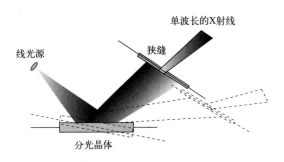

图 11.1 调整单色器狭缝角度以适应分光晶体角度偏差
（ 实线为正常工作角度， 虚线为带有偏差的工作角度 ）

由图可知，由射线管发出的射线是角度发散的，当分光晶体的角度无偏差时，射线束光子密度最集中的区域（中央）经分光晶体处理后再由单色器狭缝出射，将能收获强度最大的特定波长的射线束；但当分光晶体的角度存在偏差时，如果采用调整狭缝角度的方式适应分光晶体的角度偏差，则从射线管出射的光子密度最集中的光束将无法满足布拉格方程，从而无法从单色器狭缝出射，但光源射线具有发散性，因此依然存在能满足布拉格方程的单色射线，并从狭缝位置出射，只是出射的射线束强度将比分光晶体角度无偏差时偏低。

11.2.2　测角仪零点

衍射仪安装调试时，安装工程师将针对测角仪零点进行专业校准，但仪器长时间使用后，由于射线管位置、光路位置以及探测器位置都是机械固定的，因此都存在发生位置偏移的可能性，一旦偏移，测量时的零点将出现偏差，衍射峰的角度和强度都将受到影响。因此，定期检查测角仪的零点是否存在偏差，是非常重要的维护步骤。

检查测角仪零点一般使用测量标准样品，观察衍射峰理论位置与实测位置偏差的方法。一旦发现偏差较大，并且光路系统中不存在其他偏差，则说明测角仪零点出现了偏差。例如硅粉标样最强衍射峰的理论 2θ 位置假设为 $28.43°$，但实测发现角度为 $28.39°$，两者的偏差为 $0.04°$，这样的偏差大小是不被接受的，因此需要对测角仪零点进行校准。

测角仪零点校准，指通过调整各部件的位置，将射线源开口、接收狭缝、探测器端口以及样品基准面（有时不需要）严格调整到一条直线上，并且该直线应位于测角仪圆所在的平面内。实际校准时，除了需要严格按照说明书操作外，还需理解操作过程的原理，并对零点偏差进行及时记录。

11.2.3 "切光法" 光路校准

多轴样品中的 Z 轴可以上下移动，样品架放置在多轴样品台上，必须校准 Z 轴的具体位置，才能将样品架表面（或样品表面）准确调整到测量基准面上，调整步骤如下：

（1）将入射轴与衍射轴调整到水平位置，θ 为 $0°$，2θ 也为 $0°$，此时如果打开射线管的开口，所出射的 X 射线将直射进入探测器端口，因此光路中需要插入衰减片，以降低直射光的强度；

（2）调整样品台的 Z 轴，使样品台连同样品架位于高度较小的位置，即不要遮挡 X 射线束的直射；

（3）固定入射轴和衍射轴不动，开启射线管快门，使射线束直射进入探测器，再设置 Z 轴移动范围，使样品架由低到高逐渐开始遮挡射线束，直至射线束完全被遮挡；

（4）在测量得到的强度 I 与高度 Z 的变化曲线中，寻找到射线束强度被遮挡到一半时的 Z 轴大小 Z_0，并将实际 Z 轴大小设置为 Z_0 值，此时样品架表面即位于测量基准位置。

如上所述的利用样品台（或样品架）对射线束的遮挡现象来校准 Z 轴高度的方法，常被称为"切光法"。切光法的原理如图 11.2 所示。

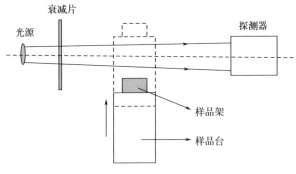

图 11.2 切光法原理

切光法所得到的测量强度随 Z 轴的变化曲线如图 11.3 所示。

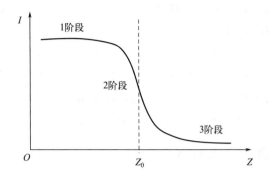

图 11.3 切光法时测量强度 I 随 Z 的变化曲线

由图可知，I-Z 曲线共分三个阶段，1 阶段时样品架位于较低的位置，未对射线束造成任何遮挡，因此该阶段的测量强度为射线束的直射强度；随着 Z 值的增加，样品架高度增加，样品架表面逐渐与射线束接触并开始遮挡，曲线发展进入 2 阶段，Z 值越大，遮挡越多，测量强度越低；当射线束完全被样品架和样品台遮挡时，测量强度趋势进入 3 阶段，此时测量强度最低。最终选择的高度为 Z_0，即光束被遮挡到一半时的样品架高度。由切光法的原理可知，光束越窄，Z_0 越准确。

切光法的核心是对射线束的遮挡现象，在实际工作中，利用遮挡现象可以实现很多情况下的光路校准。例如，为检查测角仪零点以及校准光路：①将射线源开口与探测器端口调整到同一水平线上，使射线直射进入探测器（光路中插入衰减片）；②固定射线源位置不动，调整探测器从 -2θ 到 $+2\theta$ 开展测量；③只有当探测器端口与射线束完全"对正"时，探测器才能收集到较强的射线信号，其他位置探测器收集不到射线信号，因此测量结果中最强信号对应的 2θ 位置，即为真实的测角仪零点位置，如图 11.4 所示。

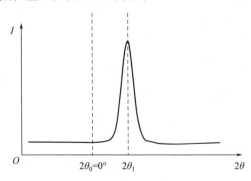

图 11.4 利用遮挡现象检查测角仪零点

图中 $2\theta_0 = 0°$ 的位置，是测角仪展示出的零点，$2\theta_1$ 位置为实际测量时探测器端口与射线束对正的位置，因此 $2\theta_1$ 位置才是真实的测角仪零点，此时需要记录 $2\theta_1$ 大小，并将探测器位置从 $2\theta_0$ 调整到 $2\theta_1$ 位置。这种调整，即为测角仪零点的一种简单校准。

11.3 其他维护

当衍射仪配备闪烁计数器时，闪烁晶体容易受到空气湿度的影响，一旦"受潮"，闪烁晶体的应用效率将大幅下降，因此保持闪烁计数器在除湿环境下使用是非常有必要的。

为实现自动化控制，部分衍射仪配备有空气压缩机装置，这样的空气压缩机需要定期维护和保养，如定期添加或更换机油，定期排水等。

当工作环境灰尘较大或仪器使用年限较长时，各类电路板需要及时除尘，否则灰尘进入接触部位，常导致电路接触不良。

测量程序获取的测量数据，要定期转移、定期储存，一为减轻测量程序负担，提高效率，二为避免因软件损坏或计算机硬件突然损坏，导致重要数据丢失。

总之，衍射仪是一种对环境适应性较强的仪器，合理的维护保养，是延长衍射仪使用寿命的关键步骤。

11.4 X 射线的电离辐射

辐射（Radiation）指由发射源（场源）发出的电磁能量中，一部分脱离场源向远处传播，而后不再返回的现象。脱离场源的能量，以电磁波或粒子（α、β 射线）的形式向外扩散。根据场源传递的能量，可将辐射分为热辐射、电磁辐射等；根据辐射对物质的电离能力，还可将辐射分为电离辐射、非电离辐射两种。

电离辐射，指辐射具有足够高的能量，能将原子中的电子从其轨道中击出，使原子带正电的现象；人体细胞由原子组成，辐射造成的原子电离现象可以引发癌症，引发概率取决于辐射剂量以及接收辐射的人体的感应性，因此当面对电离辐射时，必须进行有效防护。非电离辐射，指辐射能量不够高，不会造成原子电离现象，但不同的非电离辐射可能产生不同的生物作用，因此也需要重视。

为了区分电离辐射与非电离辐射，将二者部分特征简述如下：

（1）电离辐射与非电离辐射都广泛存在于自然界中；人体每时每刻都在接收电磁辐射，但大多数辐射属于非电离辐射，如电子设备辐射、卫星通信辐射等。

（2）电离辐射也常被称为放射，自然放射指镭、钍等元素释放的射线辐射，人工放射指利用仪器装置人工制备的射线辐射；专门从事生产、应用或研究电离辐射的人员，被称为放射工作人员。

（3）根据频率由低到高排列，电磁辐射包含无线电波、微波、红外线、可见光、紫外线、X射线、γ射线等；其中X射线、γ射线具备电离能力，被称为电离辐射，其他不具备电离能力，被称为非电离辐射。

X射线辐射是一种电离辐射，因此在从事X射线衍射测量工作时，需要对X射线进行有效屏蔽。

在衍射仪上，X射线管被置于金属管套中，在射线管窗口对应的管套位置安装有金属挡板（也称快门，Shutter），只有当开展测量工作时，金属挡板才被开启，X射线才能被释放出来，其他时间金属挡板都呈关闭状态，X射线都被封闭在金属管套内。

衍射仪外壳使用的都是厚重的钢板（关键区域还会增加铅板层），观察窗一般使用较厚的含铅玻璃，因此正常测量时，X射线被很好地封闭在仪器舱门内。

此外，仪器舱门的开关与射线管的高压电源直接相连，一旦在射线工作时误操作将舱门打开，射线管高压电源会直接断开，射线管电压电流迅速降为0，即不再产生射线，当然如此一来会一定程度地损伤射线管寿命。

衍射仪在正常使用时，需要时刻关注仪器显示面板上的金属挡板指示灯、测量状态指示灯是否显示正常，并观察各指示灯与金属管套上的状态灯是否一致，一旦发现不正常或不一致（可能有所滞后），需要立刻检查故障，必要时可以按下紧急按钮停机。需要开启仪器舱门时，必须严格按照仪器使用说明书的要求进行，如先按下"开启舱门按钮"（Open door）再开舱门，否则可能造成高压断电保护，损伤射线管和电气零部件。

11.5　电离辐射安全防护

根据《放射性同位素与射线装置安全和防护条例》及其附件《射线装置分类》（国务院令第449号公布，2019年3月2日《国务院关于修改部分行政法规的决定》第二次修订），将对人体健康和环境存在潜在危害的射线装置，划分为Ⅰ类、Ⅱ类、Ⅲ类。

Ⅰ类装置：事故时短时间照射可以使受到照射的人员产生严重放射损伤，其安全与防护要求高。

Ⅱ类装置：事故时可以使受到照射的人员产生较严重放射损伤，其安全与防护要求较高。

Ⅲ类装置：事故时一般不会使受到照射的人员产生放射损伤，其安全与防护要求相对简单。

X射线衍射仪、X射线荧光仪等仪器被划分为Ⅲ类射线装置，其使用采取行政许可制度。使用X射线衍射仪的场所，需要按照国家相关规定设置明显的放射性标志，并对使用人员进行个人剂量监测。

《电离辐射防护与辐射源安全基本标准》GB 18871—2002中指出，从事电离辐射的工作人员"职业照射"剂量水平不超过以下限值：

（1）连续5年的年平均有效剂量20mSv(毫希)；

（2）任何一年中的有效剂量最大50mSv；

（3）眼晶体的年当量剂量150mSv；

（4）四肢（手足）或皮肤的年当量剂量500mSv。

非电离辐射工作人员的"公众成员"，所接受的辐射剂量不超过以下限值：

（1）年有效剂量1mSv；

（2）特殊情况时，如果连续5年的年平均剂量不超过1mSv，则单一年份有效剂量可提高到5mSv；

（3）眼晶体的年当量剂量150mSv；

（4）四肢（手足）或皮肤的年当量剂量50mSv。

以欧洲Malvern Panalytical公司生产的X射线衍射仪为例，该品牌仪器在出厂时要求达到仪器表面辐射量<1μSv/h，按每年250个工作日、每天工作8小时计算，一个工作人员每年接受的辐射剂量为1μSv/h×8h/天×250天＝2mSv，是公众成员辐照限值的2倍。但需要指出的是，工作人员在工作时必须一直贴近仪器表面才能达到这一辐射剂量，这显然是不可能的。

衍射测量过程中，样品制备是在制样区域完成的（一般远离衍射仪），即便在衍射仪旁边制备样品并操作电脑控制设备，也并非"与仪器表面紧邻"的状态（非紧邻状态时，X射线的辐射将随着距离的增加迅速下降），只有打开舱门更换样品等情况时，才接近"紧邻"状态，但此时金属挡板已将X射线封闭在射线管套内，因此整个测量过程，属于"与仪器表面紧邻或接近紧邻"的状态在工作时间段内只占非常少的比例，例如一天工作8h，紧邻状态总计不会超过1h，甚至更短，从而工作人员每年实际接受的辐照剂量应为2mSv×1/8＝0.25mSv，这一剂量远小于公众成员的辐照限值。

由上述分析可以看出，从事X射线衍射仪测量工作的人员，在接受辐照剂量方面应该归属于公众成员范围，而不是"职业"人员范围。

但仍需指出的是，衍射仪虽然采用了金属管套（含金属挡板）、厚重金属外壳、含铅玻璃视窗对 X 射线进行了防护，并采取门锁、断电等措施预防误操作，但在仪器舱门缝隙、金属外壳拼接处等位置，依然存在射线泄漏的可能，因此在衍射仪投入使用之前，应该使用灵敏度高的辐射计对整机进行测试，重点标注射线泄漏位置，以便在日常工作中进行重点防护。

此外不同生产厂家在制造衍射仪外壳、射线管套、玻璃视窗时，所采用的材料可能不同，从而仪器表面的辐射量也会不同，因此开展具体防护工作时，还应以整机辐射测量结果为依据。

《多晶体 X 射线衍射方法通则》JY/T 0587—2020 中对 X 射线防护做了相关说明：

X 射线衍射仪为射线装置，X 射线是一种电离辐射，会危害人体健康，在仪器显著位置应贴有辐射警告标志；使用该设备的人员应进行上机前安全培训，定期进行被照射剂量的检测，并按放射工作的有关安全条例定期进行身体健康检查。

第 12 章

学习方法论

自布拉格方程建立以来，X 射线衍射技术的理论发展越来越丰富，衍射仪中可拆装更换的光学部件越来越多，衍射技术的功能和应用也越来越多样化。要想掌握衍射技术，将之很好地服务于科学研究和工业生产，绝不是看几本书、测量几个样品就能做到的。此外，新时代材料科学的蓬勃发展，也对衍射测量和分析技术提出了更高的要求，这不仅对衍射仪生产厂家是巨大挑战，对使用衍射技术的广大师生和技术人员，更是挑战和机遇，只有不断学习、不断钻研、不断创新，才有可能掌握衍射技术、适应时代要求并解决新问题。

X 射线衍射技术是一门集光学、测量学、材料学、晶体学、信息学等多学科于一体的，理论与实践紧密结合的科学技术。从测量与分析的角度，要掌握衍射技术，需要掌握光路原理、测量技能、分析软件原理与操作、材料学、相变学、晶体学等知识，并将之"融会贯通"，这需要投入充分的时间和精力去刻苦钻研，方能有所成就。

本章主要分享对衍射理论、测量光路、分析软件等内容学习过程中的心得体会，并尝试澄清一些常见的概念，旨在为广大师生和技术人员提供学习启发。

12.1 常见概念与分类

12.2 衍射测量经验谈

12.3 学习历程分享

12.4 六级阶梯

12.1 常见概念与分类

12.1.1 散射与衍射

散射与衍射：传播中的电磁波或粒子，改变其直线轨迹的过程，称为散射；衍射现象中，衍射光偏离了入射光 2θ 角度，因此衍射也是散射现象的一种。

干涉与衍射：二者本质相同，在概念含义上也没有明显的界限；通常情况下，当研究单条光线的物理现象时，使用干涉，当研究一束光（大量光线）的干涉现象时，使用衍射。

小角衍射：与普通广角衍射的测量模式一致，只是 2θ 值较低，范围较窄，如 2θ 测量范围为 $0.5°\sim5°$，主要用来收集晶面间距较大（θ 值较小）的衍射峰信息。

小角掠射：也就是薄膜掠入射，一般的测量模式为固定入射角停留在很小的角度（如 $1°$ 以内），旋转探测器测量广角 2θ 范围；小角掠射主要用来测量薄膜物相组成。

小角散射：与广角衍射本质不同，测量模式也不同，小角散射采用 X 射线透射模式，当一束极细尺寸的 X 射线穿过材料时，纳米尺度上的电子密度起伏会造成 X 射线在原光束附近极小的角度范围内散射，探测散射信号，可以分析纳米粒度分布、纳米缺陷等。

12.1.2 布拉格角与衍射角

由布拉格方程可知，方程中的角度 θ 为入射光与晶面之间的夹角，也是衍射光与晶面之间的夹角，θ 角被称为布拉格角，或半衍射角。

衍射角，即产生衍射现象时的散射角，也是衍射光与入射光之间的夹角，即衍射测量时的衍射峰对应的角度 2θ。

θ 与 2θ 之间的几何关系，如图 12.1 所示。

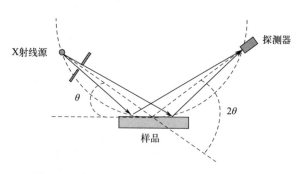

图 12.1 布拉格角 θ 与衍射角 2θ 之间的几何关系

12.1.3　物相分析与结构解析

为便于学习，衍射数据的分析可以归纳为有 PDF 卡片的分析和无 PDF 卡片的分析两大类。

有 PDF 卡片的分析：数据分析的基础是物相 PDF 卡片，即在数据分析之前，需要首先对衍射数据开展物相鉴定分析，检索出衍射数据中各类晶体对应的 PDF 卡片，之后再开展物相定量、微观应力、纳米晶粒尺寸、固溶择优等分析工作，这些分析工作可统称为物相分析。

无 PDF 卡片的分析：数据分析的基础是测量所得的衍射峰位置、强度、峰形信息以及短程有序结构造成的隐藏在噪声背景中的信息；例如根据衍射峰位置信息开展的指标化分析，根据衍射峰位置和强度开展的结构解析，根据峰形信息开展的结晶度分析，以及根据全散射信号开展的原子对分布函数分析等。

各类数据分析的关系如图 12.2 所示。

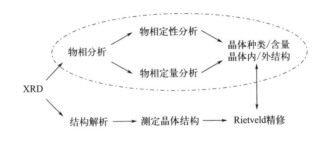

图 12.2　各类数据分析的关系

从分析的深入程度，物相分析可分成物相定性分析、物相定量分析两大类。此处的定性分析，包含所有关于判断存在与否的分析，例如物相鉴定、是否存在纳米晶、是否存在微观应变、是否存在固溶现象等；而定量分析，指对已确定存在的各类组成或特征进行定量化表述。

根据分析的内容，物相分析还可进一步细化为晶体内分析、晶体外分析两类。晶体内分析指分析晶体内部的特征信息，例如元素种类（物相鉴定）、固溶掺杂、微观应变、晶体缺陷等信息；晶体外分析指分析晶体外在的特征信息，例如晶粒尺寸、截面形貌、残余应力、织构取向等信息。

12.1.4　理论学习与实践分析

要做好物相分析，必须认真学习各类相关学科的理论知识，并将其与实践分析充分结合，多学多练，此外还要将物相分析进一步与研究课题相融合，开拓物相分析的深入应用。经验上，将理论学习与实践分析的重要性按分值表示，如图 12.3所示。

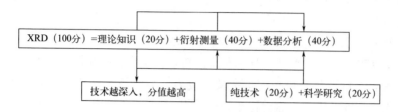

图 12.3 理论学习与实践分析的重要性

图中所示，理论知识、衍射测量、数据分析三部分并非独立的个体，而是一个密不可分的整体。要做好数据分析，掌握各类相关的理论知识是基础，此外必须充分掌握测量技术，否则将无法判断测量结果的准确性和有效性，也难以分辨测量因素对数据结果的影响；在掌握理论知识和测量技术的基础上，开展数据分析才是测量的最终目的，这不仅需要深入研究材料的组成和结构信息应该体现出怎样的衍射特征，继而对各类特征信息进行预判，更需要从测量结果中将材料信息与测量干扰清晰地分离开来，因此开展数据分析是难点，也是关键所在。

12.2 衍射测量经验谈

12.2.1 关于 X 射线衍射仪

X 射线衍射仪从采购时提出指标参数，到安装环境建设，再到设备落地和安装调试，以及之后的应用工程师培训等环节，都需要认真参与其中。只有每个环节都参与实施，才能充分了解一台新型衍射仪的"前世今生"，如此有利于对衍射仪各个指标、参数、操作、功能应用等方面的深入理解，以及有利于后续的维护保养和故障维修。

衍射仪除了附加的比较复杂的功能外，其基本测量（如粉末衍射）中的样品制备、仪器操作等，属于最容易学习的技术之一。但入手容易，学好却难。实际工作中，要不断熟练操作技能，并借助仪器使用说明书、部件功能介绍资料、厂家技术培训等方式，深入学习关于仪器各类光学部件的设计原理和应用方法，深入理解仪器校正、光路调整等较为复杂的操作过程，将所学所知和测量实践逐渐融合在一起，并不断深化对衍射技术的认识，不断强化测量技能。

当仪器出现故障时，要积极配合维修工程师开展故障诊断、维修维护、故障排除等工作，每个步骤都要积极参与其中，并深入思考维修时的过程逻辑，如此不一定能掌握简单的维修方法，但一定对理解仪器的工作原理有帮助。

12.2.2　关于应用光路

应用光路是射线管、狭缝系统、光学模块、样品台以及探测系统的统称，其设计的合理性和准确性，是影响测量质量的关键要素。因此，对应用光路不仅要学会按照厂家推荐的光路设置熟练操作，更要深入理解每个光学部件的工作原理和使用性能，要敢于尝试自行设计光路配置，以期达到不同的功能要求。

现代衍射仪基本都是程序控制的自动化设备，在控制软件中，通常都设置有关于应用光路中各类光学部件或模块的使用说明（如 Help 文件），在自行设计之前，需要首先深入研读这些说明资料，提高对各类光学部件的认识。

12.2.3　关于数据分析软件

衍射仪测量完毕后，需要使用专用的数据分析软件对测量结果进行分析。目前分析软件的种类很多，自动化程度也非常高，但软件的自动分析，并不总是正确的，甚至常常是不正确的。因为实际样品、实际制样过程、实际测量过程、实际仪器配置和参数等都与完美材料和完美测量过程存在偏差，而软件的自动化过程是建立在完美条件或近似完美条件基础之上的，因此软件的自动分析可做参考，但是否能作为最终答案，还需人工研究和确认。

一般情况下，专业分析软件的功能有很多，如数据平滑、背景扣除、拟合分峰、定性定量、结构精修、角度补正、应力分析等。在实际应用过程中，对软件的各类功能不仅要在操作方面做到熟悉、熟练，更要从衍射原理、数学原理的角度，深入理解软件功能的执行过程。简单地讲，就是每操作一个步骤都能明白为什么要这样做，这样做影响了什么，从计算原理的角度有没有漏掉步骤，以及该如何调整参数以提高该步骤的精确度等。只有这样，各类功能所得到的结果才有可能是准确的，否则可能出现"一步错，步步错"的情况。

以分析衍射峰半高宽（FWHM）为例。在分析软件中，使用"寻峰"（Find peaks）功能可以展示一个指定衍射峰的半高宽，使用"峰形拟合"（Fit profile）功能，也可以获得一个指定衍射峰的半高宽；对结晶度高的晶体而言，这两种功能所获得的半高宽基本一致，但当衍射峰因纳米晶粒尺寸或微观应变展宽时，只有对衍射峰开展"峰形拟合"处理，通过函数计算获得的半高宽才是真实的。

12.3　学习历程分享

在此分享下对衍射技术的学习历程，希望能为初学者提供参考和启发。学习历程可具体总结为六个阶段。

第一阶段：从材料系毕业后来到测试中心工作，第一次接触 X 射线衍射仪感觉很新奇，仪器是日本 RIGAKU 公司生产的 D/Max 2200 型粉末衍射仪，在当时该台衍射仪已连续工作约 20 年，基本只能实现普通粉末衍射测量功能。

衍射仪虽然显得老旧，但自动化程度不低，无论是狭缝调整还是仪器校准，都是软件控制的自动化操作，应用光路所有零部件都被封闭了起来，能见到的以及能直接触摸的零部件，只有样品台和样品架。

作为初学者，只需要将装有样品的样品架准确插入样品台，再根据测量要求调整几个简单参数（如测量范围、测量速率），即可实现自动化测量。因此从第一次接触到独立开展测量，花费时间不到两个小时，然后就是不断重复地制样、装样、点按钮测量。因为仪器没有自动进样器，只能每隔一小段时间（10～30min）手工更换一次样品，因此大量的工作时间是陪伴着不断重复的简单操作度过的。

随着新鲜感的冷却，我不得不思考：衍射技术真的如此简单吗？犹记得，当时的心态是无奈的，在技术领域不知该何去何从。

第二阶段：随着样品量的增加，只能不间断地制样、装样、测量，这不仅需要有足够的耐心，还需要良好的体魄。不断的更换样品和测量工作是伴随着不断的汗水逐一完成的，样品量一多起来，常常忙得头晕眼花，只能靠工作之外的业余时间去学习技术，结果因为专业不对口，书籍又大多都是非常专业的大部头，学习起来异常困难、学习进展异常缓慢。

当时面临的状况是：专业书籍和资料学习起来十分吃力，但衍射仪的操作和物相鉴定过程，却显得十分简单，而且从书籍中学到的原理知识，还不足以指导实际测量工作，导致学习和工作几乎形成了毫无关系的两个方面。这一状况，不仅拖慢了学习进度，更严重影响了学习信心。

不得不提的是，由于每天坚守在测量一线，经常遇到师生带着与测量相关的问题来咨询，这使我不得不去仔细观察测量的过程，不得不去思考测量与分析相关的问题，以便解答不同的疑惑。在不断解答过程中，常常被问得"冒汗、脸红"，甚至给出的解释连自己都搞不明白。

与此同时，很多师生对衍射技术存在深深的疑惑："数据分析与样品测量有多大关系？""衍射技术中最常用的物相定性分析，是不是全凭经验在猜测？""同一个数据经常得到不同的分析结果，而且互相矛盾，到底谁才是正确的？"身为衍射技术从业者，对这些问题我不知道该怎么回答，以至于始终耿耿于怀。

第三阶段：为了更好地解释师生的问题，不得不逼着自己去学习去钻研，于是开始了不断向高手请教、不断实验验证、不断参加培训班以及不断会议交流的历程。此期间，不仅力争将师生的每个问题都回答得尽善尽美，还借助各类网站、交流媒体等渠道，搜集来自天南地北的五花八门的各类技术问题，并努力尝试解答，过程中逐渐积累了一些实践经验，并深化了对衍射技术的认识。

逐渐发现，衍射技术中存在很多重要领域需要努力学习和钻研，例如：①衍射仪各类性能指标的含义和质量评估；②应用光路的精准调控以及不同功能的精准测量；③物相定性定量分析与衍射线形分析；④专用分析软件的各类功能原理和准确操作；⑤结构精修数学原理和操作实践；⑥未知晶体衍射结果的指标化和结构解析；⑦仪器维护维修原理和操作；⑧各类光学部件的材料加工和设计原理；⑨残余应力、织构极图等复杂测量结果的分析；等等。

在学习各类知识的同时，越来越感受到衍射技术不仅仅是一门检测技术，更多的应该是一种认知转换工具，即将三维空间的材料通过衍射技术投射到倒易空间中去，在三维空间能清晰观察到晶体的长宽高等外在形貌和尺寸，而在倒易空间则能感知到晶体内原子排列层面上的微观变化，衍射技术（或倒易空间）与三维空间认知是认识材料特征的两个不同的途径，一个由内而外，一个由外而内，二者是互相独立，却又互为补充的整体。从这一角度讲，认识材料，必须懂得衍射技术。

第四阶段：衍射技术中的很多方面都不懂、都要钻研，导致学习精力分散、学习进度缓慢，难以助力工作。为了更早地掌握一门技能，经过反复思考后，最终选择衍射技术中最常用的"物相定性分析技术"集中精力学习和钻研。

要做好物相定性分析，需要重点关注衍射峰各方面信息（衍射峰位置、峰高、半高宽、对称性、背景、衍射峰数量、强度分布等），以及影响这些信息的各类因素，例如物相晶型影响衍射峰位置和数量、晶面结构和物相含量影响衍射峰强度分布、结晶度和制样手段影响衍射背景，晶体微观缺陷影响衍射线形等。突然发现，物相定性分析与衍射几何、测量过程、定量分析、微结构分析甚至结构解析等技术密不可分，要掌握定性分析，必须首先将衍射测量和各类分析技术掌握到一定程度，才有可能实现。

自此开启了深入钻研各类影响因素的历程，包括制样、装样、测量几何、测量过程、软件处理、数据库使用、物相定量、晶体微结构分析等多个方面。经过数年的不断学习，以及用来自天南地北的各类数据的不断打磨，终于逐渐认识到：物相定性分析之所以"不准"，主要是因为测量结果的影响因素很多，且各因素的影响卷积在一起、难以分辨。只要能将各类影响因素定性甚至定量地分辨开来，物相定性分析就会成为一种研究多晶聚集体材料的强大且准确的科学表征手段。自此，多年耿耿于怀的问题"物相定性分析是不是全凭经验猜测"等，终于有了答案。

第五阶段：在逐步掌握物相定性分析的基础上，发现物相定量分析存在很多种方法，但依然有很多情况无法开展定量分析，例如定性得到的 PDF 卡片缺少晶体结构信息和参比强度信息、晶粒择优取向分布引起衍射峰强度变化等情况。截至目前，还不存在一种通用的方法能满足各类情况下的定量分析，这给科学研究和工业生产造成了很多麻烦。为了更好地掌握物相定量分析，开始对定量原理、定量影响因素以及各类定量方法的精准度进行深入钻研。

由于物相定量与物相定性的分析基础都是衍射峰，因此都需要对衍射峰的各类信息及其影响因素进行深入学习，从而在钻研定性定量的过程中，对材料微结构分析等方面的认识也在不断深化。

经过大量学习和分析实践，逐渐探索到了一些衍射峰位置、强度、衍射线形、材料微结构甚至方法设计等因素对定量结果的影响规律，并积累了一些经验和心得，开始尝试以自己对定量的理解建立数学模型解决实际问题，并尝试开发数学模型模拟纳米尺寸、择优取向等引起的衍射峰变化，以便解决这些因素对定量分析的影响。

在实践中逐渐发现，将定性分析与定量分析深度融合，能进一步研究材料的形成机制和过程变化，并以此为基础，尝试解决一些冶金、材料、化工、矿物等学科专业中的科研难题和生产问题。在此期间，一些原本模糊的概念慢慢变得清晰起来，如物相分析、结构分析、结构精修、结构解析、检测人员、技术专家……

第六阶段：在不断提高技能的同时，慢慢发现衍射技术理应"脚踏实地、仰望星空"。

脚踏实地：从技术层面讲，指"会就是会、懂就是懂"，技术不能"不会装会、不懂装懂"，技术学习无止境，必须不断努力不断前进；从实践角度指的是，学习衍射技术，不能只学习测量和分析的操作过程，必须深入钻研原理知识以及相关学科的知识，将衍射技术应用到解决实际问题中去，例如课题研究中存在的材料问题，工业生产中遇到的生产问题等。

仰望星空：技术上指不能只满足于"懂技术、会技术"，而要在技术学习的过程中不断思考原理，不断精进、不断创新，将技术学习逐渐提升到科学研究的层面上去，让技术得以升华；从实践的角度，要将衍射技术融入各类科学研究中去，不仅帮助课题研究解决常规性问题，还要结合技术原理提出创新思路，解决新问题，助力课题研究向更高层次迈进。

12.4 六级阶梯

为了给初学者描绘更清晰的学习途径，在十余年从业经验基础上，结合个人思考和部分想象，特将衍射技术"分析检测能力"划分成层层递进的六级阶梯。

第一级：应用初级。

（1）熟悉衍射仪通用测量技术，如粉末衍射、薄膜衍射；并能开展常规的维护保养工作，如更换冷却水、仪器零点核查等。

（2）熟悉分析软件的物相定性和简易定量操作过程，并积累一定实践经验。

（3）经过相关培训，能按照"标准"或作业指导书的要求，开展计量认证项目的测量与分析工作，做到一名合格"检测员"的程度。

第二级：应用中级。

（1）熟练操作衍射仪各类附件，完成各类检测功能，如微区衍射、高温衍射、残余应力测定、织构极图测定；仪器故障时，能按照厂家工程师的指导，排查故障，并开展简单的维修工作。

（2）熟悉分析软件的常用功能和操作过程，能利用软件开展相关计算，如物相定量计算、微结构计算、残余应力计算。

（3）能读懂各类技术标准，并对标准方法进行评估；在计量认证项目上，具有评价检测质量和评估数据风险的能力。

第三级：应用高级。

（1）具备根据分析要求设计测量过程的能力，如设计应用光路中的元器件配置控制射线的发散性、设计样品的空间位置和运动获得晶面的衍射能力，设计简易装置或样品台完成不同目的的衍射测量等；仪器维护方面，能理解测量偏差的来源，并通过样品制备、光路校准、函数计算等方法减小偏差。

（2）能利用分析软件开展复杂运算，并掌握运算结果的准确性，如结构精修、指标化、未知结构解析。

（3）具备制定行业标准或修订行业标准重要内容的能力。

第四级：研究初级。

（1）深入认识射线与各类光路元器件相互作用的物理原理，对样品材料开展极限测量工作，充分挖掘测量潜力。

（2）对衍射测量学和材料理论具有深入的认识，结合样品材料的生产过程和工艺参数，对测量和分析结果具有充分预判的能力。

（3）在掌握各类衍射分析技术基础上，能结合学科知识开展材料形成机制和相变机理的深入分析，并对科学研究和工业生产给出指导性建议。

第五级：研究中级。

（1）在工作原理基础上，能开发/改进仪器零部件或光学元器件，或设计新型的测量工艺，提高测量质量或提升测量效率。

（2）结合学科专业知识，能发现当前分析方法中的不足之处，为此开发新型分析方法或技术，以提高分析精准度或提升分析效率。

（3）分析科学研究和工业生产中的新问题，在衍射技术基础上，开发新方法或新技术，充分利用衍射技术解决新问题。

第六级：研究高级。

（1）在理论研究和实践基础上，凝练衍射领域中的关键科学问题，设计具备可行性的科研计划并严谨实施，在解决该科学问题方面获得显著进展。

（2）在现有衍射技术基础上，开拓技术应用新局面，促进产业新发展，为国计民生创造重大价值。

再向上的阶梯，难以想象，不做评论。

以上六级阶梯，纯属个人思考和判断，旨在给广大初学者提供启发。本书结尾，愿每一位衍射技术使用者，都能不断提升技能水平，不断发现能力晋升的阶梯。

［1］ 马礼敦 . X 射线晶体学的百年辉煌［J］. 物理学进展，2014，34（2）：47-117.

［2］ 郑钧正 . 历史见证了 X 射线发现 125 周年之辉煌［J］. 辐射防护通讯，2020，40（6）：1-16.

［3］ 周健，王河锦 . X 射线衍射峰五基本要素的物理学意义与应用［J］. 矿物学报，2002，22（2）：95-100.

［4］ B. H. Toby. R factors in Rietveld analysis：how good is good enough?［J］. Powder diffraction，2006，21（1）：67-70.

［5］ 陆金生 . X 射线衍射物相定性分析的进展［J］. 冶金物理测试分册，1984（5）：54-57.

［6］ Qinyuan Huang, Chunjian Wang, Quan Shan. Quantitative deviation of nanocrystals using the RIR method in X-ray diffraction（XRD）［J］. Nanomaterials，2022，2320，12142320：1-10.

［7］ 王春建，许艳松，周烈兴 . 粉末粒度对现代 X 射线粉末衍射仪测量的影响［J］. 分析仪器，2021（3）：157-162.

［8］ 谭伟石，蔡宏灵，吴小山，等 . $La_{0.7}Ca_{0.3}MnO_3$ 薄膜的掠入射 X 射线衍射研究［J］. 核技术，2004，27（12）：914-918.

［9］ 李亚静，刘家祥 . 降温速率对 ITO 靶材相组成的影响［J］. 稀有金属，2007，31（6）：794-797.

［10］ 核工业标准化研究所 . 电离辐射防护与辐射源安全基本标准：GB 18871—2002［S］. 北京：中华人民共和国国家质量监督检验检疫总局，2002.

［11］ 吉林大学，等 . 多晶体 X 射线衍射方法通则：JY/T 0587—2020［S］. 北京：中华人民共和国教育部，2020.

［12］ 祈景玉 . X 射线结构分析［M］. 上海：同济大学出版社，2003.

［13］ 黄继武，李周 . X 射线衍射理论与实践［M］. 北京：化学工业出版社，2020.

［14］ 李树堂 . 晶体 X 射线衍射学基础［M］. 北京：冶金工业出版社，1990.

［15］ 梁敬魁 . 粉末衍射法测定晶体结构［M］. 2 版 . 北京：科学出版社，2011.

［16］ R. E. Dinnebier，S. J. L. Bittinger，等 . 粉末衍射理论与实践 ［M］. 陈昊鸿，雷芳，译 . 北京：高等教育出版社，2016.

［17］ A. N. Jens，M. Des. 现代 X 光物理原理 ［M］. 封东来，译 . 上海：复旦大学出版社，2019.

［18］ JCPDS-ICDD. Powder diffraction file—Sets 29 to 30 ［M］. USA-Pennsylvania：JCPDS-ICDD，1987.